15週で学ぶ理工系の 力学

一瀬郁夫 著

学術図書出版社

はじめに

　大学の理学部および工学部の初年度に学ぶ物理学の重要性については，いくら強調しても強調しすぎることはない．そこでは高等学校の物理学で習った概念を一般化することのみならず，物理学の最も重要な側面，すなわち数少ない基本法則から種々の現象が説明されることを学ぶことになる．古典力学においてはその基本法則はニュートンの3法則であり，種々の数学的な手続きを経て，われわれが日常経験する物体の運動から天体の運動まで，その詳細が導かれることを見る．さらにそこで使われる数学的手法や考え方に慣れることは，その後の専門科目を学ぶ上で重要な役割をもっている．

　本書は大学初年度に学ぶ力学の教科書として書かれている．実際に講義を担当して実感することであるが，従来の力学に関する教科書の多くは，大学の1学期に学ぶ内容としては，非常に多くの内容を含んでいる．本書を書くにあたり，15回の講義で学ぶ内容として適当と思われるテーマについて精選し，初学者にもその内容が十分理解できるように配慮した．その結果，内容の分量は適正なものとなっている．また，その説明や表記については余分なものをそぎ落とし，可能な限り簡潔にすることを心がけた．特に講義において重要な式の変形や学生が理解する上で助けとなる基本項目に関しては「例題」として挙げ，学生が自らその計算を行い正しい理解を得るように工夫されている．したがって，講義を受ける前の予習書としても十分にその役割を果たすことが期待される．また章末問題はその章で学んだ内容の理解を確かにし，自ら考える力を養うものを選んである．ぜひ，各自で解くように努めて欲しい．

2011年10月

著　者

目　次

第1章　数学的準備，運動の記述 … 1
- 1.1　物理学とは … 1
- 1.2　ベクトル … 1
- 1.3　複素数とオイラーの公式 … 4

第2章　ニュートンの3法則と質点の運動：運動方程式の解法 … 7
- 2.1　ニュートンの3法則 … 7
- 2.2　重力による運動 … 8
- 2.3　空気の抵抗力がある場合 … 10
- 2.4　放物運動 … 13
- 2.5　一様電場中の荷電粒子の運動 … 14

第3章　慣性座標と相対運動：並進運動 … 16
- 3.1　等速直線運動している系 … 16
- 3.2　加速度並進運動している系と重力 … 17

第4章　バネの振動：単振動方程式 … 19
- 4.1　単振動 … 19
- 4.2　減衰振動 … 22
- 4.3　強制振動 … 26

第5章　運動量の変化と力積 … 29

第6章　仕事，保存力，位置エネルギーと力学的エネルギーの保存則 … 32
- 6.1　仕事 … 32
- 6.2　運動エネルギーと仕事 … 35
- 6.3　保存力とポテンシャルエネルギー … 36
- 6.4　力学的エネルギーの保存と保存力の条件 … 38

第7章　角運動量と力のモーメント … 42
- 7.1　ベクトルの外積 … 42
- 7.2　角運動量 … 43
- 7.3　力のモーメント … 45

第8章 極座標による運動方程式：単振り子　　48

- 8.1 極座標 　　48
- 8.2 2次元極座標での運動方程式 　　49
- 8.3 単振り子 　　50
- 8.4 力学的エネルギーの保存と角運動量 　　52

第9章 中心力による運動：惑星の運動と万有引力　　54

- 9.1 面積速度一定の法則 　　54
- 9.2 ケプラーの法則と万有引力 　　55
- 9.3 万有引力による運動：エネルギー保存則と軌跡 　　57
- 9.4 ケプラーの第3法則 　　59

第10章 質点の多体系：重心と相対座標　　61

- 10.1 2体系：作用反作用の法則 　　61
- 10.2 全角運動量とつり合いの条件 　　64
- 10.3 質点の多体系：重心の運動 　　65
- 10.4 全角運動量と重心まわりの角運動量 　　66

第11章 剛体の運動 I　　71

- 11.1 剛体運動の自由度と運動方程式 　　71
- 11.2 剛体の固定軸まわりの回転運動 　　72
- 11.3 慣性モーメントの計算 　　74

第12章 剛体の運動 II　　77

- 12.1 慣性モーメントについての定理 　　77
- 12.2 実体振り子 　　78
- 12.3 剛体の平面運動 　　80

第13章 座標変換と相対運動：回転座標系　　83

- 13.1 円錐振り子と回転座標系 　　83
- 13.2 遠心力とコリオリの力 　　85

章末問題解答　　88

索引　　94

1

数学的準備，運動の記述

この章では，物理法則のもつ意味をはじめに説明し，その後力学を学ぶ準備としての数学を学ぶ．高等学校で学ぶ微分積分と三角関数以外には特に予備知識を必要としないで以下の章を読み進むことができるように配慮されている．

1.1 物理学とは

われわれの身のまわりには自然現象が満ちあふれている．天体の運動からわれわれの生活環境で起こるさまざまな現象，さらにミクロな分子原子の運動を記述するのが物理学である．これらの現象は多種多様であるように思えるが，その本質をつかみ，より汎用性が高くかつ基本的な法則を見出すことが物理学の本質である．この本で学ぶ力学 (古典力学) は，3 つの基本法則から成り立っている．学ぶにつれてこれらの法則が実に多くの事柄を導きまた説明することが，わかってくるであろう．

1.2 ベクトル

古典力学における基本方程式はニュートンの運動方程式である．この方程式は物体 (質点) の運動を記述するものであるが，ベクトルを用いて表されている．ベクトルとは，大きさだけでなく向きをもつ数学的概念であるが，運動している物体のある時刻での位置や速度を単純に思い浮かべればよい．ベクトルを表すのに矢印を用いるが，その 向きがベクトルの向きであり，長さがベクトルの大きさを表すとする．図 1.1 のように $\boldsymbol{A}$ を表すと，その定数倍 $c\boldsymbol{A}$ ($c > 0$) のベクトルは方向が同じでその大きさが c 倍されたベクトルになり，$-c\boldsymbol{A}$ はそれと逆向きのベクトルである．またベクトル $\boldsymbol{A}$ と $\boldsymbol{B}$ の和 $\boldsymbol{A} + \boldsymbol{B}$ は図 1.2 に示されたように $\boldsymbol{A}$ の終点に $\boldsymbol{B}$ の始点を合わせたものになる．

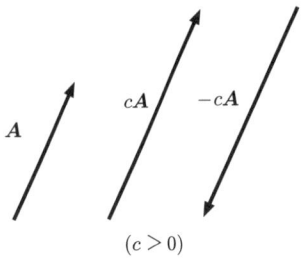

図 1.1

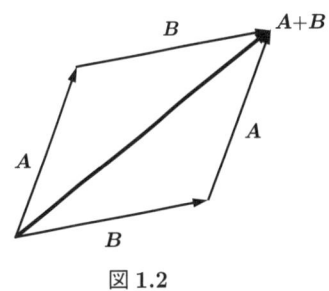

図 1.2

次に 2 つのベクトルの内積を定義しよう．ベクトル $\boldsymbol{A}$, $\boldsymbol{B}$ の大きさをそれぞれ $|\boldsymbol{A}|$, $|\boldsymbol{B}|$ と書き，その間の角度を θ とする．内積 $\boldsymbol{A} \cdot \boldsymbol{B}$ は，

$$\boldsymbol{A} \cdot \boldsymbol{B} = |\boldsymbol{A}||\boldsymbol{B}|\cos\theta \tag{1.1}$$

で与えられる．図を用いた内積の説明は図 1.3 に与えられている．内積の定

義，および図1.3による説明から明らかなように，

$$\boldsymbol{A}\cdot\boldsymbol{B}=\boldsymbol{B}\cdot\boldsymbol{A},$$

$$\boldsymbol{A}\cdot(\boldsymbol{B}+\boldsymbol{C})=\boldsymbol{A}\cdot\boldsymbol{B}+\boldsymbol{A}\cdot\boldsymbol{C} \tag{1.2}$$

が成り立つ[1]．

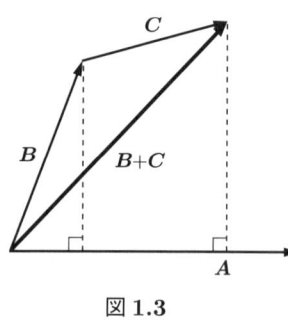

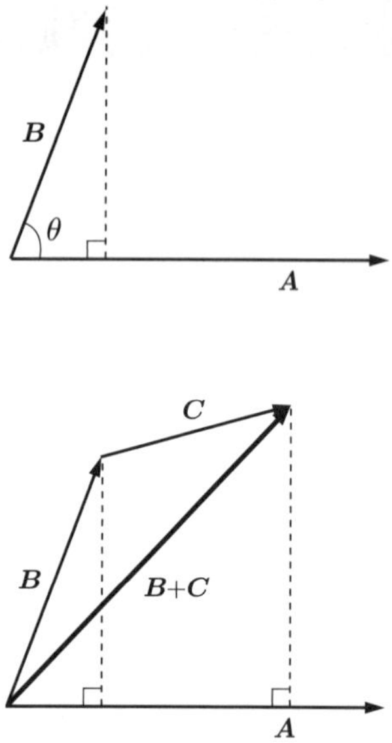

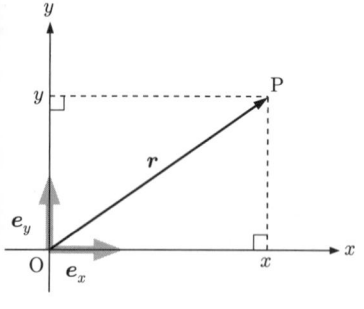

図 1.3

ここで**単位ベクトル**を導入しよう．単位ベクトルとは大きさが1のベクトルのことである．一般にゼロベクトルでないベクトル $\boldsymbol{A}$ に対し，その方向の単位ベクトルを $\boldsymbol{e}_A$ と書くと，$\boldsymbol{e}_A=\dfrac{\boldsymbol{A}}{|\boldsymbol{A}|}$ である．

ベクトルを表記するのに座標系を使うと便利である．よく使われる直線直交座標 (デカルト座標) を導入しよう．2次元平面上では互いに直交する x 軸，y 軸を導入し，その交点を原点Oとする．平面上の任意の点Pの位置をそれぞれの軸に垂線を下ろして決めた座標で表すことができて，Pの位置ベクトル $\boldsymbol{r}=(x,y)$ と書こう (図1.4を参照)．これは2つの座標軸の方向を表す単位ベクトル $\boldsymbol{e}_x$，$\boldsymbol{e}_y$ を用いると，$\boldsymbol{r}=x\boldsymbol{e}_x+y\boldsymbol{e}_y$ となることに対応している．

図 1.4

このベクトルの成分表示を用い，内積の成分表示を求めよう．ベクトル $\boldsymbol{A}=(A_x,A_y)$，$\boldsymbol{B}=(B_x,B_y)$ に対して

$$\begin{aligned}\boldsymbol{A}\cdot\boldsymbol{B}&=(A_x\boldsymbol{e}_x+A_y\boldsymbol{e}_y)\cdot(B_x\boldsymbol{e}_x+B_y\boldsymbol{e}_y)\\&=A_xB_x+A_yB_y\end{aligned} \tag{1.3}$$

となる．ここで分配側 (1.2) および $(\boldsymbol{e}_x)^2=(\boldsymbol{e}_y)^2=1$，$\boldsymbol{e}_x\cdot\boldsymbol{e}_y=0$ を用いた．式 (1.3) が式 (1.1) と等しいことは直接の計算で三角関数の加法定理を用い確かめることができる．

例題 1.1　内積の定義 (1.3) と (1.1) が等しいことを確かめよ．

図 1.5

解　図1.5のように $\boldsymbol{A}$ が x 軸となす角を φ_A とし，$\boldsymbol{B}$ が x 軸となす角を φ_B とする．これよりベクトルの成分表示は，$A=|\boldsymbol{A}|, B=|\boldsymbol{B}|$ とすると

$$\boldsymbol{A}=(A\cos\varphi_A, A\sin\varphi_A),\quad \boldsymbol{B}=(B\cos\varphi_B, B\sin\varphi_B) \tag{1.4}$$

であるから，その内積は

$$\begin{aligned}\boldsymbol{A}\cdot\boldsymbol{B}&=AB\cos\varphi_A\cos\varphi_B+AB\sin\varphi_A\sin\varphi_B\\&=AB\cos(\varphi_A-\varphi_B)\end{aligned} \tag{1.5}$$

となる． ∎

以上の2次元平面内でのベクトルの性質はそのまま3次元空間に拡張することができる．x 軸，y 軸および z 軸を導入し，

$$\boldsymbol{r}=(x,y,z)=x\boldsymbol{e}_x+y\boldsymbol{e}_y+z\boldsymbol{e}_z \tag{1.6}$$

[1] 図は2次元面で描かれているが，式 (1.2) は3次元でも成立する．

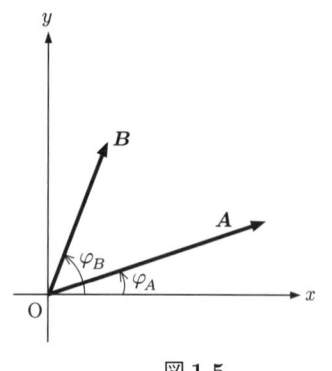

と表すことにする．また，内積の成分表示も
$$\boldsymbol{A} \cdot \boldsymbol{B} = A_x B_x + A_y B_y + A_z B_z \tag{1.7}$$
となる (図 1.6)．

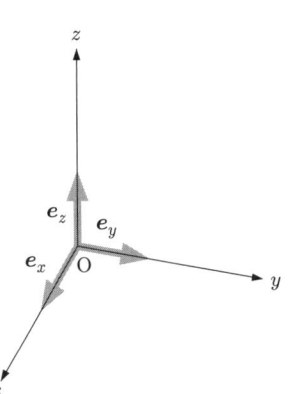

図 1.6

ここであるパラメター，たとえば時間 t に依存しているベクトル (以後ベクトル関数と呼ぼう) $\boldsymbol{A}(t)$ について考えよう (図 1.7)．$\boldsymbol{A}(t)$ の t 微分を考える．その定義は普通の関数と同じに
$$\frac{d\boldsymbol{A}}{dt} = \lim_{\Delta t \to 0} \frac{\boldsymbol{A}(t+\Delta t) - \boldsymbol{A}(t)}{\Delta t} \tag{1.8}$$
で与えられる．ここでベクトルの成分表示を用いると，単位ベクトル $\boldsymbol{e}_x$ などが t によらず一定なので，
$$\begin{aligned}\frac{d\boldsymbol{A}}{dt} &= \frac{dA_x}{dt}\boldsymbol{e}_x + \frac{dA_y}{dt}\boldsymbol{e}_y + \frac{dA_z}{dt}\boldsymbol{e}_z \\ &= \Big(\frac{dA_x}{dt}, \frac{dA_y}{dt}, \frac{dA_z}{dt}\Big)\end{aligned} \tag{1.9}$$
となる．この成分表示を用いると，以下の式が容易に証明できる．
$$\frac{d}{dt}(\boldsymbol{A} \cdot \boldsymbol{B}) = \frac{d\boldsymbol{A}}{dt} \cdot \boldsymbol{B} + \boldsymbol{A} \cdot \frac{d\boldsymbol{B}}{dt} \tag{1.10}$$

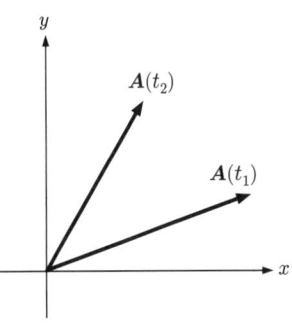

図 1.7

例題 1.2 式 (1.10) を証明せよ．

解 以下のように計算を行う．
$$\begin{aligned}\frac{d}{dt}(\boldsymbol{A} \cdot \boldsymbol{B}) &= \frac{d}{dt}(A_x B_x + A_y B_y + A_z B_z) \\ &= \frac{dA_x}{dt} B_x + \frac{dA_y}{dt} B_y + \frac{dA_z}{dt} B_z + A_x \frac{dB_x}{dt} + A_y \frac{dB_y}{dt} + A_z \frac{dB_z}{dt} \\ &= \frac{d\boldsymbol{A}}{dt} \cdot \boldsymbol{B} + \boldsymbol{A} \cdot \frac{d\boldsymbol{B}}{dt}\end{aligned}$$

質点の**位置ベクトル**を $\boldsymbol{r}$ とすると，その運動にしたがって位置ベクトルは変化する．位置ベクトル $\boldsymbol{r}(t)$ の時間微分は**速度** $\boldsymbol{v}(t)$ であり，2 回微分は**加速度** $\boldsymbol{a}(t)$ であるから
$$\boldsymbol{v}(t) = \frac{d\boldsymbol{r}(t)}{dt}, \quad \boldsymbol{a}(t) = \frac{d^2\boldsymbol{r}(t)}{dt^2} \tag{1.11}$$
と表される．

ここで上の式 (1.11) で与えられる速度，加速度を具体的な例を使って見てみよう．xy 平面内の半径が a の等速円運動を考える (図 1.8)．原点を円運動の中心にとると，
$$\boldsymbol{r} = (a\cos\omega t, \ a\sin\omega t) \tag{1.12}$$
で与えられる．ここで t は時間，ω は角速度と呼ばれる運動の速さを決める定数である．式 (1.11) を用いて，この円運動の速度と加速度を計算してみ

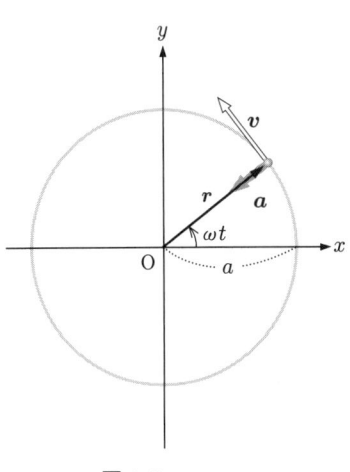

図 1.8

よう．

$$\boldsymbol{v}(t) = \frac{\mathrm{d}\boldsymbol{r}}{\mathrm{d}t} = (-a\omega\sin\omega t,\ a\omega\cos\omega t) \tag{1.13}$$

となる．この結果 (1.12), (1.13) から位置ベクトルと速度ベクトルの内積を計算してみると，

$$\boldsymbol{r} \cdot \boldsymbol{v} = 0 \tag{1.14}$$

であり，2つのベクトルが直交していることがわかる (図 1.8)．

問 1.1 式 (1.14) を示せ．

さらに速度ベクトルを時間 t で微分すると加速度が求まる，

$$\boldsymbol{a} = \frac{\mathrm{d}\boldsymbol{v}(t)}{\mathrm{d}t} = (-a\omega^2\cos\omega t,\ -a\omega^2\sin\omega t) = -\omega^2\,\boldsymbol{r} \tag{1.15}$$

となり，加速度ベクトルは原点方向を向いていることがわかる (図 1.8)．

1.3 複素数とオイラーの公式

まず虚数単位 i を導入しよう．これは $i^2 = -1$ で定義される数であり，一般の複素数 z は，$z = a + ib$ (a, b は実数) と表される．前節での 2 次元ベクトルの表示と同じように，複素平面を用いて一般の複素数をその上の点で表現することができる (図 1.9)．複素数と平面の点が 1 対 1 対応であることは明らかであろう．2 つの複素数 $z = a + ib, w = c + id$ (c, d は実数) の和と積は，以下の計算則に従い

$$z + w = a + c + i(b + d),$$

$$zw = (a + ib)(c + id)$$

$$= ac - bd + i(bc + ad) \tag{1.16}$$

となる．また，複素共役 z^* は $z^* = a - ib$ で定義され，z の大きさ $|z|$ は原点から z に対応する複素平面上の点までの距離であり，$|z| = \sqrt{z^*z} = \sqrt{a^2 + b^2}$ で与えられる．

ここで指数関数と三角関数の間の重要な関係について説明しておこう．高等学校で習う数学では指数関数 e^x の変数 x は実数であったが，ここではこれを拡張して x が純虚数の場合を考えてみよう．したがって，$x = iy$ (y は実数) とおく．これから説明するように，この関数は以下のように三角関数となる．

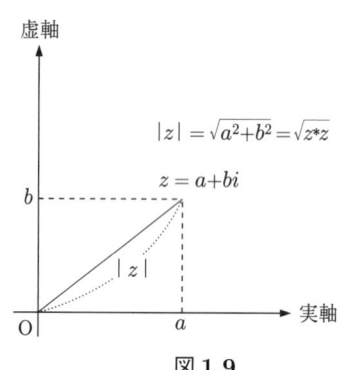

図 1.9

$$e^{iy} = \cos y + i \sin y \tag{1.17}$$

この式は**オイラーの公式**と呼ばれている．以下の章で見るように，オイラーの公式は微分方程式の解法において，重要な役割を果たす．

まず，オイラーの公式の正しさを確かめるために，式 (1.17) の両辺を y で微分してみよう．

$$\text{左辺の微分} = \frac{\mathrm{d}}{\mathrm{d}y}e^{iy} = ie^{iy} = i(\cos y + i \sin y) \tag{1.18}$$

ここで微分の規則はいままで習った**指数関数の微分公式がそのまま成り立つ**としていることに注意しよう．一方，

$$\text{右辺の微分} = \frac{\mathrm{d}}{\mathrm{d}y}(\cos y + i \sin y) = -\sin y + i \cos y \tag{1.19}$$

この両辺 (1.18) と (1.19) は明らかに一致する．

さらに，指数関数の積の公式から三角関数の加法定理を導いてみよう．**指数関数の積の公式がそのまま使える**として，実数 y_1, y_2 について

$$e^{iy_1}e^{iy_2} = e^{i(y_1+y_2)} \tag{1.20}$$

となる．ここでオイラーの公式 (1.17) を上式 (1.20) の両辺に適応してみよう．

$$\text{右辺} = \cos(y_1 + y_2) + i \sin(y_1 + y_2) \tag{1.21}$$

一方，

$$\begin{aligned}
\text{左辺} &= (\cos y_1 + i \sin y_1)(\cos y_2 + i \sin y_2) \\
&= \cos y_1 \cos y_2 - \sin y_1 \sin y_2 \\
&\quad + i (\sin y_1 \cos y_2 + \cos y_1 \sin y_2)
\end{aligned} \tag{1.22}$$

上の式 (1.21) と (1.22) を比べることにより，三角関数の加法定理

$$\begin{aligned}
\cos(y_1 + y_2) &= \cos y_1 \cos y_2 - \sin y_1 \sin y_2 \\
\sin(y_1 + y_2) &= \sin y_1 \cos y_2 + \cos y_1 \sin y_2
\end{aligned} \tag{1.23}$$

が導かれる．

上の2つの事実から，オイラーの公式は正しく，また便利であることがわかる (三角関数の加法定理を暗記する必要がない)．最後に**テーラー展開**を用いてオイラーの公式を証明しておこう．テーラー展開は，(任意回) 微分可能な関数 $f(x)$ に対して，

$$\begin{aligned}
f(x+h) &= f(x) + f^{(1)}(x)h + \frac{1}{2!}f^{(2)}(x)h^2 + \frac{1}{3!}f^{(3)}(x)h^3 + \cdots \\
&= \sum_{n=0}^{\infty} \frac{1}{n!}f^{(n)}(x)h^n
\end{aligned} \tag{1.24}$$

で与えられる．ここで h は任意の実数，また $f^{(n)}$ は $f(x)$ の n 次の導関数である．

上のテイラー展開を関数 e^{iy} に用いてみよう．微分の規則が普通の指数関数と同じであるとして，

$$\frac{d^n}{dy^n}e^{iy} = (i)^n\, e^{iy} \tag{1.25}$$

より，

$$e^{iy} = \sum_{n=0}^{\infty} \frac{1}{n!}(iy)^n = \cos y + i\sin y \tag{1.26}$$

が示せる．

例題 1.3 三角関数 $\cos y$, $\sin y$ のテーラー展開を求め，上式 (1.26) を証明せよ．

解 三角関数のテーラー展開はその導関数の規則性より

$$\sin y = \sum_{n=0}^{\infty} \frac{(-1)^n}{(2n+1)!} y^{2n+1}, \quad \cos y = \sum_{n=0}^{\infty} \frac{(-1)^n}{(2n)!} y^{2n}$$

これより式 (1.26) が示される．

最後に，一般の複素数 $z = a + ib$ に対して

$$e^z = e^{a+ib} = e^a(\cos b + i\sin b) \tag{1.27}$$

が成り立つことを注意しておく．

以上で数学的準備を終わり，第 2 章より力学の内容に学ぶことにする．

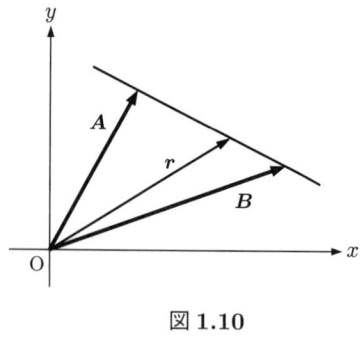

図 1.10

図 1.11

章末問題 1

1.1 2 つのベクトル $\boldsymbol{A}$, $\boldsymbol{B}$ を考える．この 2 つのベクトルの終点を通る直線の式をベクトル $\boldsymbol{r}$ として求めよ (図 1.10 参照)．

1.2 2 つのベクトル $\boldsymbol{A}$, $\boldsymbol{B}$ の間に次の関係式が成り立つとき，$\boldsymbol{A}$, $\boldsymbol{B}$ の間にはどのような関係があるか．

$$|\boldsymbol{A} + \boldsymbol{B}| = |\boldsymbol{A} - \boldsymbol{B}|$$

1.3 次のような円運動を考える．

$$\boldsymbol{r}(t) = (a\cos(bt^2), a\sin(bt^2))$$

ここで a および b は定数である．この円運動の速度と加速度を求めよ．

1.4 図 1.11 に示すように 3 次元空間内にある 3 つのベクトル $\boldsymbol{A}$, $\boldsymbol{B}$, $\boldsymbol{C}$ が作る平面を考える．この平面内の任意のベクトル $\boldsymbol{r}$ を $\boldsymbol{A}$, $\boldsymbol{B}$, $\boldsymbol{C}$ を用いて表せ．

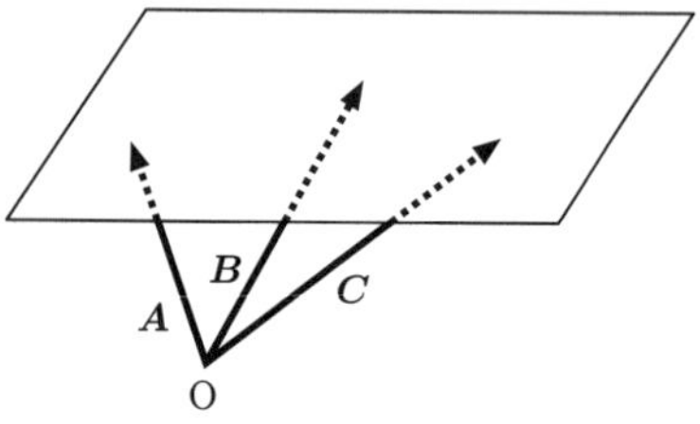

1.5 $e^{i\frac{\pi}{4}}$ を求めよ．その答えを 2 乗すると $e^{i\frac{\pi}{2}} = i$ となることを示せ．

ニュートンの3法則と質点の運動：運動方程式の解法

この章では，まずニュートンの3法則について説明を行い，その後，最も基本的な質点の運動である等加速度運動，放物運動，空気の抵抗力の効果などを学ぶ．運動方程式の基本的な考え方とその解法を理解することを目的とする．

2.1 ニュートンの3法則

古典力学はニュートンにより構築されたが，それは3つの基本法則から成り立っており，日常生活で見る物体の運動に関する現象や天体の運動は，すべてその3法則により説明されると考えてよい．第1法則から，順に説明して行こう．大きさが無視できるほど小さい物体，あるいは有限の大きさであってもその内部運動が無視できるとき，その物体を**質点**と呼ぶ．

第1法則：慣性の法則

力が働いていない質点は静止状態を保つか，あるいは等速直線運動をする．

第2法則：運動方程式

質点の質量を m とし，働く力を $\bm{F}$ とすると，質点の位置座標 $\bm{r}$ は次の方程式を満たす．

$$m\frac{\mathrm{d}^2 \bm{r}}{\mathrm{d}t^2} = \bm{F} \tag{2.1}$$

ここで t は時間である．第1章で述べたように運動方程式 (2.1) はベクトルの式であり，その各成分について成り立つ (図 2.1)．

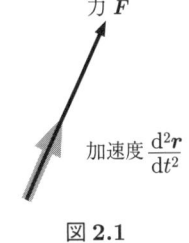

図 2.1

第3法則：作用反作用の法則

物体 A が物体 B に力を及ぼしているときを考える．このとき，物体 B は物体 A に大きさが同じで方向が反対の力を及ぼしている (図 2.2)．これを数式で書くと次のようになる．A が B から受ける力を $\bm{F}_{AB}$，また B が A から受ける力を $\bm{F}_{BA}$ とすると，作用反作用の法則は，$\bm{F}_{AB} = -\bm{F}_{BA}$ を意味する．

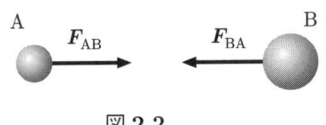

図 2.2

以上がニュートンの3法則である．単純に考えると第1法則は第2法則の特別な場合 ($\bm{F} = 0$ の場合) と思われるかもしれないが，これは正しくない．第1法則は，質点に力が働いていないときに，質点が静止あるいは等速直線運動する座標系が存在することを意味している．このような座標系を**慣性系**と呼ぶ．具体的な例として地上に静止している観測者 (座標系) と加速

図 2.3

中の電車内の観測者が観測する物体の運動を考えてみると理解できる[1]．図 2.3 に示すように，加速中の電車の床に置かれたボールは，床との摩擦力や空気の抵抗力がない場合水平方向に力が働いていないのに，進行方向とは逆に動く．一方地上に静止している人がこれを見ると，ボールは地表に対して静止して見えるであろう．このような現象は座標変換を用いて理解できる．より詳しい内容は後に第 3 章で学ぶ．

第 2 法則の運動方程式は質点の運動を記述しており，**ある時刻 t での質点の位置と速度がわかると，運動方程式 (2.1) を解けばその後の位置を知ることができる**[2]．

第 3 法則は，互いに力を及ぼし合っている 2 つの質点 (物体) における各々の力の間の関係に関する法則であり，2 つの質点が離れていても成り立つことに注意しよう (図 2.2)．

ここで単位について述べておく．この本では質量の単位は kg，長さの単位は m(メートル)，そして時間の単位を s(秒) とする．運動方程式 (2.1) を使うと，力の単位は $kg \cdot m/s^2$ となるが，この単位は N(ニュートン) と呼ばれている．

$$N = kg \cdot m/s^2. \tag{2.2}$$

1 kg の物体に作用する重力の大きさについて考えてみよう．重力加速度 g は $g = 9.80 \, m/s^2$ なので，作用する重力の大きさは 9.80 N である．これを 1 kg 重 (kgw) と呼ぶことがある．

$$1 \, kgw = 9.80 \, N.$$

2.2 重力による運動

物体 (質点) の運動は原理的には**運動方程式 (2.1) を解く**ことにより知ることができる．ここで「原理的には」と述べたのは，実際にこの方程式を解くことは多くの場合たいへん難しいからである．たとえば台風の進路も原理的には力 $\boldsymbol{F}$ や台風の質量を観測により求め，運動方程式を解くことにより知ることができるが，実際に役立つ情報を得るためには巨大なスーパーコンピュータを用いなくてはならない．

ここで強調しておきたいのは，運動方程式 (2.1) は実に多くの現象を統一的に記述していることである．われわれが日常見る現象や天体の運動など，その規模が大きく異なっていても，運動方程式は適応可能である[3]．物理学

---

[1] 正確には地上も非慣性系であるが，日常の現象ではその効果は小さく無視できるので，近似的に慣性系と見なしてよい．

[2] これは運動方程式 (2.1) が 2 階の微分方程式であることの帰結である．より正確に述べると作用している力が質点の位置，速度および加速度にのみ依存している場合に，この事柄は成り立つ．

[3] 特に原子，分子のミクロの世界は量子力学，光速に近い現象は相対性理論を用いなくて

の醍醐味はこのように種々の現象を統一的に記述する基本法則を見出し、さらにその法則を用いて新しい現象を予言して、それを実験的に検証する点にある。

この節では運動方程式が解ける場合について、特に詳しく調べることとする。はじめに、重力の作用する質点の1次元運動について考えよう。まずは空気の抵抗による効果は考えず、自由落下とする。鉛直上方を z 軸にとり、重力加速度を $g\,[\mathrm{m/s^2}]$ とすると、質量が $m\,[\mathrm{kg}]$ の質点の運動方程式は x 軸、y 軸の方向には静止しているとして、

$$m\frac{\mathrm{d}^2 z}{\mathrm{d}t^2} = -mg \tag{2.3}$$

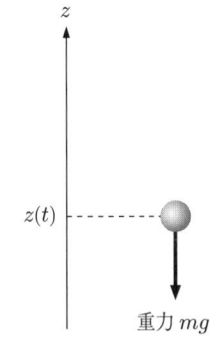

図 2.4

となる (図 2.4)。より正確には方程式 (2.3) 左辺に現れる質量 m は**慣性質量**であり、また右辺に現れる質量 m は重力と関係した質量なので**重力質量**と呼ばれる。ただし現在まで、すべての物体についてこの2つの質量は同じであることが確かめられているので (より正確には比例係数がすべての物体で同じ)、以下では区別をしないこととする[4]。これより式 (2.3) から、

$$\frac{\mathrm{d}^2 z}{\mathrm{d}t^2} = -g \tag{2.4}$$

となり、自由落下は**等加速度運動**であることがわかる。

微分方程式 (2.4) を解いてみよう。**方程式を解くとは、式 (2.4) を満たす関数 $z(t)$ を見つけることである**。式 (2.4) の右辺は定数であるので、この式を満たす関数 $z(t)$ は簡単に見出すことができる。そのためには両辺を時間 t で2回積分すればよい。その結果は

$$z(t) = -\frac{g}{2}t^2 + c_1 t + c_2 \tag{2.5}$$

となる。ここで c_1, c_2 は任意の定数である。実際に式 (2.5) を (2.4) 左辺に代入することにより、(2.5) が解になっていることは容易に確かめることができる。解を得るために2回積分を行ったので、2つの不定な定数 c_1, c_2 が解の中に存在することになる。このようにまだ決まっていない定数 (**積分定数**) を含む解を**一般解**と呼ぶ。

例題 2.1 式 (2.5) で与えられる関数が方程式 (2.4) を満たす最も一般的な関数であることを示せ。

解 まず、方程式 (2.4) の両辺を t で積分する。このときに積分定数が1つ現れることに注意すると、$\frac{\mathrm{d}z}{\mathrm{d}t} = -gt + c_1$ となる。さらにもう一度 t で積分すると、同じく積分定数が現れることに注意して $z(t) = -\frac{g}{2}t^2 + c_1 t + c_2$ と求まる。

はならないことが知られている。

[4] この慣性質量と重力質量が等しいという事実は、アインシュタインの一般相対性理論の基礎をなす。

上に述べたように運動方程式の一般解は積分定数を含む．この積分定数を決定するのは**初期条件**である．具体的に見るために例として $t=0$ での質点の位置を z_0，速度を v_0 としよう．この条件は上の解 (2.5) を用いると

$$z(t=0) = c_2 = z_0, \quad v(t=0) = \frac{\mathrm{d}z(t=0)}{\mathrm{d}t} = c_1 = v_0 \qquad (2.6)$$

となる．これより 2 つの積分定数は決定され，解 (2.6) はある決まった運動を表現していることがわかる．このような解を一般解と対比して**特別解**と呼ぼう．解 (2.6) を図 2.5 に示しておく．

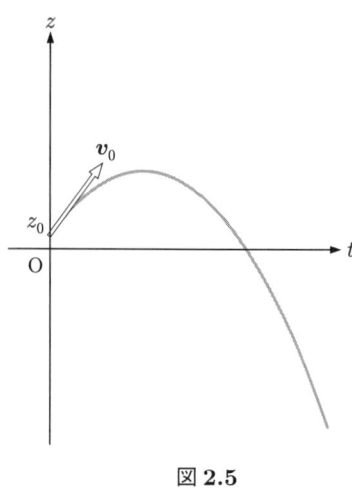

図 2.5

**

「運動方程式を立てる」

⇓

「一般解」(積分定数を含む)

⇓

「特別解」(決まった運動を記述)

**

2.3　空気の抵抗力がある場合

これまでは質点に作用する力が既知の関数である場合を考えてきた．このような場合は運動方程式の両辺を時間 t で積分することにより，解が求まることがわかった．では次に鉛直落下の現象において空気の抵抗の効果を考えてみよう (図 2.6)．

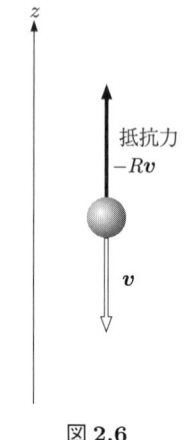

図 2.6

空気の抵抗は質点の落下速度があまり大きくないときにはその速度 v に比例することが知られている．その比例係数を R とすると，抵抗力はいまの問題では $-R\dfrac{\mathrm{d}z}{\mathrm{d}t}$ で与えられる．ここでマイナス符号は質点が落下しているときに $\dfrac{\mathrm{d}z}{\mathrm{d}t} < 0$ であり，抵抗力は上方に作用するためである．運動方程式は重力と空気の抵抗力の効果を考えて，

$$\frac{\mathrm{d}^2 z}{\mathrm{d}t^2} = -g - \frac{R}{m}\frac{\mathrm{d}z}{\mathrm{d}t} \qquad (2.7)$$

となる．この方程式が先の (2.4) と大きく異なる点は，その右辺に知りたい関数 (の微分) $\dfrac{\mathrm{d}z}{\mathrm{d}t}$ が存在することである．このため，**単純に両辺を t で積分することによっては解を求めることができない**．

方程式 (2.7) の解を求める前に，質点の定性的な振る舞いを考えてみよう．質点は重力の影響で鉛直下方に速度が増す．この速度が大きくなると抵抗力の効果が効いてきて，速度 $\dfrac{\mathrm{d}z}{\mathrm{d}t}$ が $-\dfrac{mg}{R}$ になると，重力と抵抗力がつり合い，質点には力が働かなくなる．したがって，十分時間が経つと方程

式 (2.7) の解は
$$z_F(t) = -\frac{mg}{R}t + d_1 \quad (t \gg 1) \tag{2.8}$$
となることがわかる．ここで d_1 は任意の定数である[5]．

> **例題 2.2** 式 (2.8) を導け．

解 $\dfrac{\mathrm{d}z_F}{\mathrm{d}t} = -\dfrac{mg}{R}$ の両辺を積分すると，式 (2.8) が求まる． ∎

> **例題 2.3** 式 (2.8) が元の方程式 (2.7) を満たすことを確かめよ．

解 式 (2.8) を t で微分すると，
$$\frac{\mathrm{d}z_F}{\mathrm{d}t} = -\frac{mg}{R}, \quad \frac{\mathrm{d}^2 z_F}{\mathrm{d}t^2} = 0$$
より確かめられる． ∎

さてここで上の考察をもとに，解を $z(t) = \widetilde{z}(t) + z_F(t)$ とおいて，方程式 (2.7) に代入してみよう．すると，
$$\frac{\mathrm{d}^2 \widetilde{z}}{\mathrm{d}t^2} + \frac{R}{m}\frac{\mathrm{d}\widetilde{z}}{\mathrm{d}t} = 0 \tag{2.9}$$
となる．

> **例題 2.4** 式 (2.9) を導け．

解 式 (2.7) の両辺を計算すると，
$$\text{左辺} = \frac{\mathrm{d}^2 z}{\mathrm{d}t^2} = \frac{\mathrm{d}^2 \widetilde{z}}{\mathrm{d}t^2}, \quad \text{右辺} = -g - \frac{R}{m}\left(\frac{\mathrm{d}\widetilde{z}}{\mathrm{d}t} - \frac{mg}{R}\right) = -\frac{R}{m}\frac{\mathrm{d}\widetilde{z}}{\mathrm{d}t}$$
式 (2.7) に代入し，移項すると式 (2.9) となる． ∎

この方程式 (2.9) の著しい特徴は，現れる**すべての項が $\widetilde{z}$ の 1 乗**であることである．このような方程式は**線形微分方程式**と呼ばれ，仮にこの方程式の 2 つの解 $\widetilde{z}_1, \widetilde{z}_2$ がわかっていると，以下のような任意の線形結合
$$A\widetilde{z}_1 + B\widetilde{z}_2, \quad A, B \text{ は任意の定数} \tag{2.10}$$
がやはり解であることが示せる．

> **例題 2.5** 式 (2.10) が解であることを示せ．

解 具体的に代入して解であることを示す．
$$\frac{\mathrm{d}^2}{\mathrm{d}t^2}(A\widetilde{z}_1 + B\widetilde{z}_2) = A\frac{\mathrm{d}^2 \widetilde{z}_1}{\mathrm{d}t^2} + B\frac{\mathrm{d}^2 \widetilde{z}_2}{\mathrm{d}t^2} = -\frac{R}{m}\left(A\frac{\mathrm{d}\widetilde{z}_1}{\mathrm{d}t} + B\frac{\mathrm{d}\widetilde{z}_2}{\mathrm{d}t}\right)$$
∎

---

[5] 式 (2.5) の c_2 と本質的に同じである．

「線形方程式では解の重ね合わせができる」

では，方程式 (2.9) の 2 つの**独立な**解を求めよう．ここで独立な 2 つの解とは $\tilde{z}_1(t) \neq c\tilde{z}_2(t)$ (c はゼロでない定数) であるものをいう．**線形常微分方程式には一般的な解法が存在する**．解を $\tilde{z}(t) = e^{at}$ とおき，方程式 (2.9) に代入すると，

$$\left(a^2 + \frac{R}{m}a\right)e^{at} = 0 \tag{2.11}$$

となるが，関数 e^{at} はゼロでないので，結局

$$a^2 + \frac{R}{m}a = 0 \tag{2.12}$$

となり，2 次方程式 (2.12) を解けばよいことになる．この解は容易に $a = 0, -\frac{R}{m}$ と求まる．$a = 0$ の解は $\tilde{z}(t) =$ 定数，また $a = -\frac{R}{m}$ は $\tilde{z}(t) = e^{-\frac{R}{m}t}$ に対応する．したがって，元の方程式 (2.7) の解は以上の考察により，

$$z(t) = d_2 e^{-\frac{R}{m}t} - \frac{mg}{R}t + d_1 \tag{2.13}$$

と求まる．ここでも一般解 (2.13) には 2 つの積分定数 d_1, d_2 が存在することに注意しよう．

> **例題 2.6** 式 (2.13) で与えられる関数 $z(t)$ が方程式 (2.7) の解であることを確かめよ．

解 式 (2.7) の両辺を計算するために，$z(t)$ を微分する．

$$\frac{dz}{dt} = -d_2 \frac{R}{m} e^{-\frac{R}{m}t} - \frac{mg}{R}, \quad \frac{d^2 z}{dt^2} = d_2 \left(\frac{R}{m}\right)^2 e^{-\frac{R}{m}t}$$

この 2 つの式を用いると，(2.13) が方程式 (2.7) の解であることが確かめられる． ∎

式 (2.13) より $t = 0$ での速度をゼロとすると，$t \ll 1$ では質点は等加速度運動を行うが，時間が経ち t が大きくなると等速運動となることがわかる．天空より落ちてくる雨粒が地上に到達するときに，それほど大きな速度をもたないのは空気の抵抗のためであることがわかる．

> **例題 2.7** 上の解 (2.13) で $t = 0$ での速度をゼロとすると，$t \ll 1$ では等加速度運動をすることを示せ．

解 $t = 0$ での速度がゼロの条件より $-d_2 \frac{R}{m} - \frac{mg}{R} = 0$．$d_2 = -\left(\frac{m}{R}\right)^2 g$ を式 (2.13) に代入して，テーラー展開 $e^{-\frac{R}{m}t} = 1 - \frac{R}{m}t + \frac{1}{2}\left(\frac{R}{m}\right)^2 t^2 + \cdots$ を用いると，$z(t) = -\frac{1}{2}gt^2 - \left(\frac{m}{R}\right)^2 g + d_1$ となる． ∎

2.4 放物運動

これまで暗黙のうちに力 $\boldsymbol{F}$ はベクトルとしての性質をもっていると仮定してきた．実際にこれが正しいことは図 2.7 に示すような簡単な実験により確かめることができる．図 2.7 では力 $\boldsymbol{F}_1$ と $\boldsymbol{F}_2$ を合わせた合力を求めることができ，その結果がベクトルの和と等しいことを表している．

$$\boldsymbol{F}_1 + \boldsymbol{F}_2 = -\boldsymbol{F}_3 \tag{2.14}$$

式 (2.14) はまた，$\boldsymbol{F}_3$ が 2 つの力 $-\boldsymbol{F}_1$, $-\boldsymbol{F}_2$ に分解できることを表している．この力のベクトルとしての性質は，図 2.8 に示すように，斜面に沿って運動する物体 (質点) を議論するときに役に立つ．

この力がベクトルである事実を用いて，3 次元空間中の放物運動を考えてみよう．空気の抵抗は考えないとする．質量が m の質点の受ける力 $\boldsymbol{F}$ は $\boldsymbol{F} = (0, 0, -mg)$ となるので，位置ベクトル $\boldsymbol{r} = (x, y, z)$ の満たす方程式は

$$\frac{d^2 x}{dt^2} = 0, \quad \frac{d^2 y}{dt^2} = 0, \quad \frac{d^2 z}{dt^2} = -g, \tag{2.15}$$

となる．これまでの説明から (2.15) の一般解は

$$x(t) = c_x t + d_x,$$
$$y(t) = c_y t + d_y,$$
$$z(t) = -\frac{1}{2} g t^2 + c_z t + d_z \tag{2.16}$$

となる．ここで c_x 等は積分定数である．解 (2.16) より，質点は x および y 方向には等速運動し，z 方向には等加速度運動することがわかる．

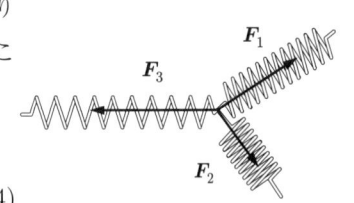

図 2.7

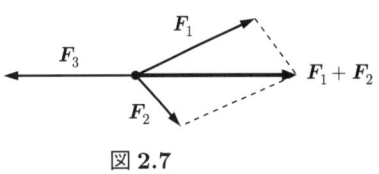

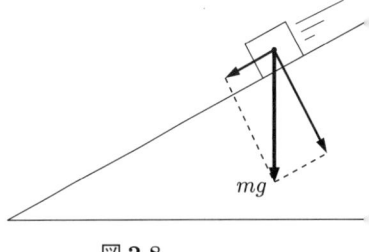

図 2.8

例題 2.8 式 (2.16) が方程式 (2.15) の解であることを示せ．

解 (2.16) の 3 つの式をそれぞれ t で微分することにより確かめられる．

前に説明したように積分定数を決めるのは初期条件である．ここでは以下のような初期条件をとろう

$$\boldsymbol{r}(t = 0) = (x_0, y_0, z_0), \quad \boldsymbol{v}(t = 0) = (v_{0x}, v_{0y}, v_{0z}) \tag{2.17}$$

これより

$$x(t) = v_{0x} t + x_0,$$
$$y(t) = v_{0y} t + y_0,$$
$$z(t) = -\frac{1}{2} g t^2 + v_{0z} t + z_0 \tag{2.18}$$

となる．

ここで**運動の軌跡**の概念を導入しよう．軌跡とは運動方程式の解から時間 t を消去し，座標間の関係を求めることである．解 (2.18) から 3 次元空間内の自由落下の軌跡を求めると，たとえば xz 面内では

$$z(t) = -\frac{g}{2v_{0x}^2}(x(t)-x_0)^2 + \frac{v_{0z}}{v_{0x}}(x(t)-x_0) + z_0 \tag{2.19}$$

となる．軌跡を図 2.9 に示す．

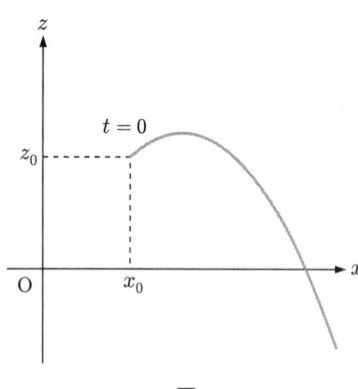

図 2.9

例題 2.9 式 (2.19) を導け．

解 式 (2.18) の 1 つ目の式から $t = \frac{1}{v_{0x}}(x(t)-x_0)$ となり，これを 3 番目の式に代入して t を消去すると，式 (2.19) が導かれる．

2.5 一様電場中の荷電粒子の運動

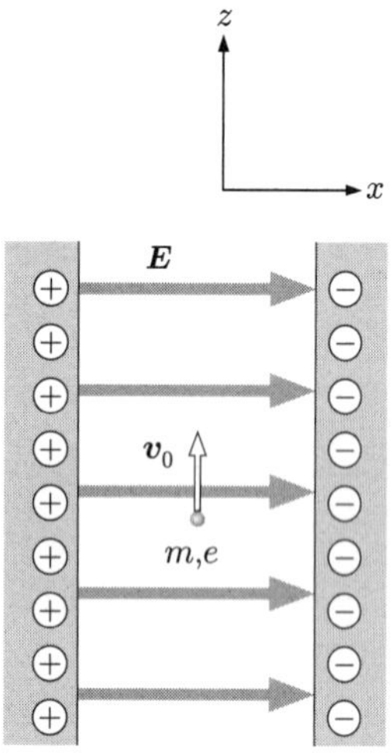

この章の最後に，一様電場中の荷電粒子の運動について考えよう．図 2.10 に示すように一様電場 E が x 軸の正方向に存在する領域に，電荷が $e(>0)$ の粒子が入射されたとする．この粒子の質量を m とし，鉛直上方を z 軸にとる．簡単のため y が一定の平面内を粒子が運動するとして，x, z 座標の時間変化のみに注目しよう．位置ベクトル $\boldsymbol{r} = (x, z)$ に対して運動方程式は x 方向に受ける力が eE であることから

$$m\frac{d^2 x}{dt^2} = eE, \quad m\frac{d^2 z}{dt^2} = -mg \tag{2.20}$$

となる．方程式 (2.20) より粒子は x 方向，z 方向ともに等加速度運動をすることがわかる．方程式 (2.20) の一般解はこれまでに学んだことから容易に求めることができる．式が複雑になるのをさけて，ここでは次の初期条件を満たす解を示そう

$$\boldsymbol{r}(t=0) = (0,0), \quad \boldsymbol{v}(t=0) = (0, v_0) \tag{2.21}$$

この条件は $t=0$ で粒子が鉛直方向に飛び込んで来た状況に対応している（図 2.10）．これより解は

$$x(t) = \frac{eE}{2m}t^2, \tag{2.22}$$

$$z(t) = -\frac{1}{2}gt^2 + v_0 t \tag{2.23}$$

となる．

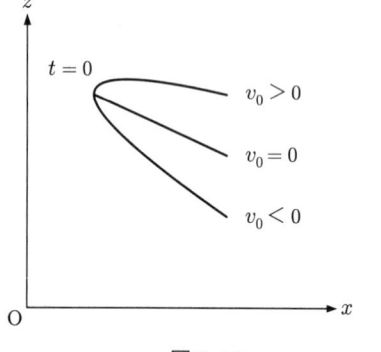

図 2.10

上で求まった解を用いて，粒子の軌跡を求めてみよう．まず式 (2.22) は

$$t = \sqrt{\frac{2m}{eE}x(t)}$$

と変形できる．これを式 (2.23) に代入すると

$$z(t) = -\frac{gm}{eE}x(t) + v_0\sqrt{\frac{2m}{eE}x(t)} \tag{2.24}$$

図 2.11

となる．軌跡 (2.24) を図 2.11 に示す．初期速度 v_0 の符号により軌跡は異なるが，軌跡の観測により $\dfrac{m}{e}$ を知ることができることがわかる．

章末問題 2

2.1 高さが 500 m の高層ビルから物体が自由落下により地面に落ちた．初速度をゼロとして地面に到達するまでの時間を求めよ．またそのときの速度を求めよ．

2.2 質量が 3 kg の質点に 7 m/s^2 の加速度を与えるためにはどれだけの力が必要か？

2.3 雨滴が落下するときの空気の抵抗力について考える．比例係数 R は $R = 6\pi\mu r$ N·s/m で与えられる．ここで μ は粘性抵抗係数と呼ばれる物理量で $\mu = 1.8 \times 10^{-5}$ N·s/m^2 であり，r は雨滴の半径である．また雨滴の質量 m は密度 $\rho = 1030$ kg/m^3 を用いて，$m = \dfrac{4\pi}{3}\rho r^3$ と表される．重力加速度 g を $g = 9.8$ m/s^2 として，雨滴の最終速度を r の関数として求めよ．また $r = 0.3$ mm のときの最終速度を計算せよ．

2.4 質量が m の物体を，高さが z_0 の場所から水平面との仰角 θ の方向に速度 v_0 で投げた (図 2.12)．このとき地上での到達距離を求めよ．空気の抵抗は無視できるとする．

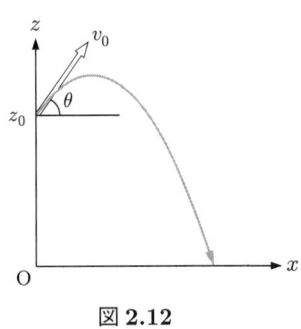

図 2.12

2.5 100 m を 10 秒で走るために必要な脚力について考える．スタートしてからはじめの 2 秒間を等加速度運動，その後の 8 秒間を等速運動とする．はじめの 2 秒間に必要な足の力を求めよ．ただし体重を 80 kg とする．

2.6 鉛直上方に z 軸をとり，初速度が v_0 である放物運動を考える．時刻 t での質点の速度 $v(t)$，高さ $z(t)$ の間に，
$$v^2(t) = v_0^2 - 2g(z(t) - z(0))$$
が成り立つことを示せ．これはエネルギーの保存則を表す．

3

慣性座標と相対運動：並進運動

第2章で見たようにニュートンの運動方程式は力と質点の加速度との関係を与えるが，これが成立するのは慣性系で起こる現象についてのみである．この章では慣性系に対して並進運動している系での質点の運動について考える．

3.1 等速直線運動している系

第2章で見たように，慣性系においては力を受けていない質点は静止あるいは等速直線運動を続ける．また，慣性系ではニュートンの運動方程式が成り立ち，そこで力 $\boldsymbol{F}=0$ とおいた場合の解は，確かに静止または等速直線運動を表す．われわれが日常生活で体験する事柄を注意深く観察すると，たとえば速度が一定で走る電車の中では，物は重力により鉛直下方に落下することがわかる．これは速度が一定で走る電車に固定された座標系が慣性系である可能性を示し，そこから見た物体の運動は静止した地上で見る運動と同じと予想させる．ここでは，そのことを数式を用いて示してみよう．

まず問題となる2つの座標系を考え，それぞれ S-系，S'-系と呼ぼう．具体的に S-系の原点を O，その座標軸を (x,y,z) とする．同様に S'-系についても，O', (x',y',z') とする．ここで2つの座標軸の組は平行である必要はない．S-系から見た S'-系の原点の位置ベクトルを $\boldsymbol{r}_{\mathrm{O}'}(t)$ とする．原点 O' は O に対して等速直線運動をしているので，その速度を $\boldsymbol{v}_0$ とすると，

$$\boldsymbol{r}_{\mathrm{O}'}(t) = \boldsymbol{v}_0 t + \boldsymbol{r}_{\mathrm{O}'}(0) \tag{3.1}$$

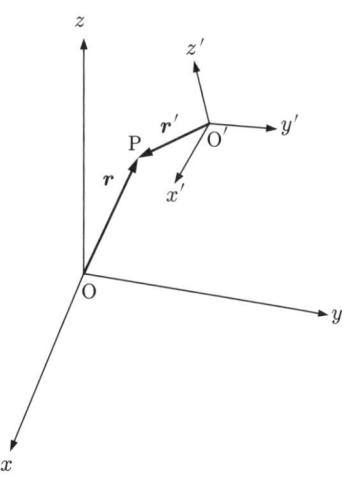

図 3.1

となる．ここで $\boldsymbol{v}_0$ が一定であることに注意しよう．一方，ある点 P のそれぞれの座標系での位置ベクトルを，$\boldsymbol{r}, \boldsymbol{r}'$ とすると，図3.1より時刻 t において一般的に

$$\boldsymbol{r}(t) = \boldsymbol{r}'(t) + \boldsymbol{r}_{\mathrm{O}'}(t) \tag{3.2}$$

が成り立つ．ここである質点の運動に注目しよう．式(3.1),(3.2)より，それぞれの座標系で見た質点の位置ベクトルは次の式で結ばれる，

$$\boldsymbol{r}(t) = \underset{\substack{\uparrow \\ \text{S-系}}}{\boldsymbol{r}'(t)} + \underset{\substack{\uparrow \\ \text{S'-系}}}{\boldsymbol{v}_0 t} + \boldsymbol{r}_{\mathrm{O}'}(0) \tag{3.3}$$

ここで式 (3.3) の両辺を t で微分してみると

$$\frac{\mathrm{d}\boldsymbol{r}(t)}{\mathrm{d}t} = \frac{\mathrm{d}\boldsymbol{r}'(t)}{\mathrm{d}t} + \boldsymbol{v}_0,$$

$$\frac{\mathrm{d}^2\boldsymbol{r}(t)}{\mathrm{d}t^2} = \frac{\mathrm{d}^2\boldsymbol{r}'(t)}{\mathrm{d}t^2} \tag{3.4}$$

これより質点の加速度は S-系, S'-系どちらにおいても同じであることがわかる. S'-系での運動方程式を求めると,

$$m\frac{\mathrm{d}^2\boldsymbol{r}'(t)}{\mathrm{d}t^2} = m\frac{\mathrm{d}^2\boldsymbol{r}(t)}{\mathrm{d}t^2} = \boldsymbol{F} \tag{3.5}$$

となる. したがって, 運動方程式は 2 つの系で同じであり, ひとつの慣性系に対して等速直線運動する系はやはり慣性系であることが結論される.

3.2 加速度並進運動している系と重力

われわれが日常生活において経験する加速度系では, たとえば発進する電車に乗っていると発進する方向と逆の方向に力を受けることを経験する. この事実は慣性系に対して加速度運動をしている系は慣性系でないことを示している. 具体的に数式を用いてこの現象を調べてみよう. 前節で見た式 (3.2) は一般の $\boldsymbol{r}_{o'}(t)$ について成り立つ関係である. ここで式 (3.2) の両辺を時刻 t について 2 回微分すると,

$$\frac{\mathrm{d}^2\boldsymbol{r}(t)}{\mathrm{d}t^2} = \frac{\mathrm{d}^2\boldsymbol{r}'(t)}{\mathrm{d}t^2} + \frac{\mathrm{d}^2\boldsymbol{r}_{o'}(t)}{\mathrm{d}t^2} \tag{3.6}$$

となる. 等速直線運動の場合と異なり, 式 (3.6) の第 2 項目はゼロとはならない. この式を慣性系である S-系の運動方程式に代入すると,

$$m\left(\frac{\mathrm{d}^2\boldsymbol{r}'(t)}{\mathrm{d}t^2} + \frac{\mathrm{d}^2\boldsymbol{r}_{o'}(t)}{\mathrm{d}t^2}\right) = \boldsymbol{F} \tag{3.7}$$

となる. 式 (3.7) の左辺第 2 項を移行すると, S'-系での運動方程式が以下のように求まる.

$$m\frac{\mathrm{d}^2\boldsymbol{r}'(t)}{\mathrm{d}t^2} = \boldsymbol{F} - m\frac{\mathrm{d}^2\boldsymbol{r}_{o'}(t)}{\mathrm{d}t^2} \tag{3.8}$$

ここで式 (3.8) の右辺第 2 項に注目しよう. $-m\dfrac{\mathrm{d}^2\boldsymbol{r}_{o'}(t)}{\mathrm{d}t^2}$ は S'-系が非慣性系であることから出てきた効果で, **見かけの力**あるいは**慣性力**と呼ばれる. この項の存在が, 発進する電車や自動車に乗車しているときに受ける力を説明することになる (図 3.2).

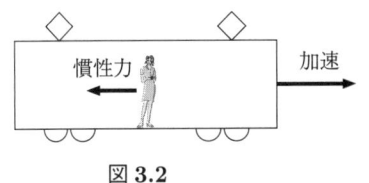

図 3.2

見かけの力が慣性質量 m に比例していることに注意をしよう. したがって, 質量が大きいほど, 見かけの力も大きくなる. ここで慣性質量と重力質量が等しい (比例する) ことを考えると, S'-系の加速度 $\boldsymbol{r}_{o'}(t)$ をうまく選べば重力を打ち消すことができるように思える. 実際, 自由落下するエレベーターの中は無重力状態と同じである. これは鉛直下方に作用する重量

$F = -mge_z$ に対して $\frac{d^2 r_{o'}(t)}{dt^2} = -ge_z$ ととれば確かに S'-系での運動方程式 (3.8) の右辺はゼロとなり，力は働かないことになる．このことを一般化して，重力と座標変換が密接に関係していると考えたのがアインシュタインであり，一般相対性理論の基礎となっている．

章末問題 3

3.1 時速 60 km で動いていた電車が徐々に速度を落とし 30 秒後に停止した．その間の加速度が一定として体重が 50 kg の人が受ける慣性力を求めよ．

3.2 時速 60 km で動いていた車が急ブレーキをかけ 5 秒後に停止した．その間の加速度が一定として体重が 50 kg の人が受ける慣性力を求めよ．

3.3 加速度 a で上昇するエレベーター内で観測される質点の落下について考える．この質点の受ける合力はいくらか？　静止した状態から鉛直下方に速度 v_0 を得るまでにかかる時間はいくらか？

バネの振動：単振動方程式

この章では，バネの単振動を記述する運動方程式 (単振動方程式) を導き，それを解くことによりバネにつながれた質点の運動を理解する．単振動方程式は理学，工学の多くの分野に現れる基本的な方程式であると同時に，空気などの抵抗力の効果も含めて厳密に解が求まる例である．解を求める過程においてオイラーの公式の使い方についても説明を行う．

古典力学の枠内で記述される自然界や日常生活に現れる種々の現象は，原理的にはニュートンの運動方程式を解くことにより理解される．しかしながら多くの場合，運動方程式の解を解析的に厳密に求めることは困難である．第 2 章で述べたように台風の進路も，原理的には運動方程式を解けば予測できるはずであるが，現時点で最高の計算機を用いても，不確定さを除くことはできない．この章では厳密に解が求まる例として，単振動方程式を調べる．

4.1 単振動

バネの先端につながれた質量が m の質点の運動を考えよう．変形していない状態のバネの長さは自然長と呼ばれ，ここでは x_0 で表そう．バネが変形し長さが x になった状態では復元力が働き，自然長に戻ろうとする．この力は変位 $(x - x_0)$ に比例し (**フックの法則**)，硬いバネほど強くなる．バネの硬さを表す定数はバネ定数と呼ばれ，ここでは k で表そう．図 4.1 に示すようにバネの左端を壁に固定し，右端に質点をつけよう．壁の位置を x 座標の原点とし，質点の位置を x とすると，働く力は $\bm{F} = -k(x - x_0)\bm{e}_x$ となる．ここで右辺のマイナス符号はバネが自然長に戻る向きに働くことに対応しており，その様子を図 4.2 に示す．質点の運動は 1 次元的な運動であるので，ベクトル $\bm{e}_x$ を省略すると，質点の運動方程式は**単振動方程式**と呼ばれる以下の方程式

$$m\frac{\mathrm{d}^2 x}{\mathrm{d}t^2} = -k(x - x_0) \tag{4.1}$$

となる．ここで，空気による抵抗力や床との摩擦力を無視していることに注意しよう．方程式 (4.1) は，自由落下の問題と異なり，求めたい関数 $x(t)$ が右辺にも現れている．したがって，単純に両辺を t で積分することでは，

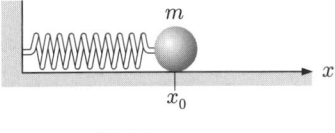

図 4.1

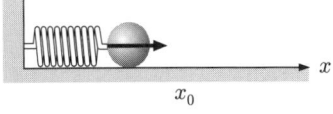

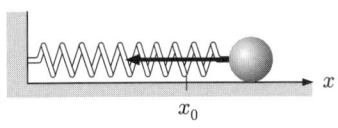

図 4.2

解 $x(t)$ を得ることはできない[1]．このような状況は一般的に起こり，運動方程式を解くことを難しくしている[2]．

方程式 (4.1) を見やすくするために自然長からの変位 $\widetilde{x} = x - x_0$ を導入すると，$\widetilde{x}$ に対する方程式は

$$\frac{\mathrm{d}^2 \widetilde{x}}{\mathrm{d}t^2} = -\frac{k}{m}\widetilde{x} \tag{4.2}$$

となる．

例題 4.1 式 (4.2) を導け．

解 $\widetilde{x}$ を t で微分すると，

$$\frac{\mathrm{d}\widetilde{x}}{\mathrm{d}t} = \frac{\mathrm{d}}{\mathrm{d}t}(x - x_0) = \frac{\mathrm{d}x}{\mathrm{d}t}.$$

これより式 (4.1) は

$$m\frac{\mathrm{d}^2 \widetilde{x}}{\mathrm{d}t^2} = -k\widetilde{x}$$

となる．両辺を m で割ると式 (4.2) が得られる． ∎

方程式 (4.2) は，求めたい関数 $\widetilde{x}(t)$ は 2 回 t で微分すると元の関数に戻ることを示している．この性質をもつ関数系は 2 通り存在し，1 つは指数関数 e^t であり，もう 1 つは三角関数 $\sin t, \cos t$ である．方程式 (4.2) の右辺の係数が $-\frac{k}{m} < 0$ であることから，$\widetilde{x}(t) = \sin\omega t$ とおいてみよう．ここで ω は正の定数である．実際に $\sin\omega t$ を t で微分すると

$$\frac{\mathrm{d}}{\mathrm{d}t}\sin\omega t = \omega\cos\omega t,$$
$$\frac{\mathrm{d}^2}{\mathrm{d}t^2}\sin\omega t = -\omega^2 \sin\omega t \tag{4.3}$$

より，$\omega = \sqrt{\frac{k}{m}}$ であれば $\widetilde{x}(t) = \sin\omega t$ は方程式 (4.2) の 1 つの解であることがわかる．同様に $\widetilde{x}(t) = \cos\omega t$ も解であることは容易に確かめることができる．2 つの解がわかったので，これらを**重ね合わせる**ことにより一般解が得られる．これは方程式 (4.2) の両辺とも $\widetilde{x}(t)$ の 1 次式 (1 乗の式) であることによるが，第 2 章で説明したように，このような性質をもつ方程式を**線形方程式**と呼ぶ．実際に A, B を任意の実数として

$$\widetilde{x}(t) = A\sin\omega t + B\cos\omega t \tag{4.4}$$

とおき，t で 2 回微分してみると，

$$\frac{\mathrm{d}^2 \widetilde{x}}{\mathrm{d}t^2} = -\omega^2 \widetilde{x} \tag{4.5}$$

---

[1] 第 2 章で学んだ自由落下の方程式 (2.4) の右辺は重力加速度を g とすると，定数 $-g$ であることを思い出そう．
[2] この事情は，第 2 章でみた空気の抵抗力がある落下の問題と同様である．

であることが確かめられる．したがって，式 (4.4) は $\omega = \sqrt{\dfrac{k}{m}}$ のとき，方程式 (4.2) の一般解となる．

例題 4.2 式 (4.5) を確かめよ．

解 $\dfrac{\mathrm{d}\widetilde{x}}{\mathrm{d}t} = \omega(A\cos\omega t - B\sin\omega t), \quad \dfrac{\mathrm{d}^2\widetilde{x}}{\mathrm{d}t^2} = -\omega^2(A\sin\omega t + B\cos\omega t)$
より式 (4.5) が確かめられる．

以上のことより元の方程式 (4.1) の解は
$$x(t) = x_0 + A\sin\omega t + B\cos\omega t \tag{4.6}$$
となる．また以下のような簡単な変形により，
$$A\sin\omega t + B\cos\omega t = \sqrt{A^2+B^2}\left(\dfrac{A}{\sqrt{A^2+B^2}}\sin\omega t + \dfrac{B}{\sqrt{A^2+B^2}}\cos\omega t\right)$$
であるから，解 (4.6) は
$$x(t) = x_0 + C\sin(\omega t + \varphi) \tag{4.7}$$
と表されることがわかる．ここで C は振幅，φ は $t=0$ での位相であり，ω を角振動数という．$x(t)$ は周期関数であり，周期 $T = \dfrac{2\pi}{\omega} = 2\pi\sqrt{\dfrac{m}{k}}$ と求まる．図 4.3 に関数 $x(t)$ を示す．

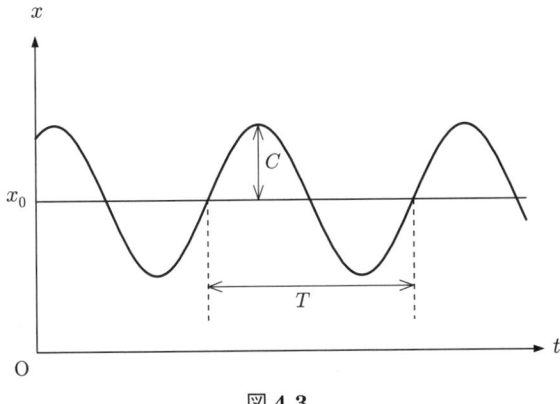

図 4.3

例題 4.3 式 (4.6) を変形して式 (4.7) になることを示せ．また，C および φ を求めよ．

解 三角関数の加法定理，$\sin(\alpha+\beta) = \sin\alpha\cos\beta + \cos\alpha\sin\beta$ を用いる．
$$\dfrac{A}{\sqrt{A^2+B^2}} = \cos\varphi, \quad \dfrac{B}{\sqrt{A^2+B^2}} = \sin\varphi$$
とすると，式 (4.6) は式 (4.7) となる．
$$C = \sqrt{A^2+B^2}, \quad \tan\varphi = \dfrac{B}{A}$$

である.

定数 A, B を決定するためには初期条件を与えなければならない．1つの例として $t = 0$ で $x(0) = x_0$, $v(0) = v_0$ としよう．これは $t = 0$ で静止していたバネについた質点をはじくことに対応する．$x(0) = x_0$ を具体的に書くと

$$x(0) = x_0 + B = x_0$$

より $B = 0$ となり，さらに $v(0) = v_0$ より

$$v(0) = \frac{\mathrm{d}x(0)}{\mathrm{d}t} = A\omega = v_0 \quad \Rightarrow \quad A = \frac{v_0}{\omega}$$

と決定される．

例題 4.4 初期条件を $x(0) = X_0 \neq x_0$, $v(0) = 0$ としたとき，定数 A, B を決定せよ．

解
$$x(0) = x_0 + B = X_0, \quad \frac{\mathrm{d}x}{\mathrm{d}t}(t = 0) = A\omega = 0$$
より，$A = 0$, $B = X_0 - x_0$ と求まる．

問 4.1 第2章の空気の抵抗のある落下の問題で説明した線形常微分方程式の解法を用いて，方程式 (4.2) を解け．

4.2 減衰振動

これまでの議論においては，質点が受ける空気抵抗や摩擦の効果を無視していた．この節ではそれらの効果をとり入れた運動方程式を解くことにしよう（図4.4）．第2章で見たように，抵抗力は速度があまり大きくない場合，速度 $\boldsymbol{v}(t)$ の1次に比例することが知られている．比例係数を $R > 0$ として抵抗力は $\boldsymbol{F}_{\text{res}} = -R\boldsymbol{v}(t)$ で与えられる．この項の存在で変位 $\widetilde{x}(t)$ で書いた運動方程式は，以下のように変更される．

$$\frac{\mathrm{d}^2 \widetilde{x}}{\mathrm{d}t^2} = -\frac{k}{m}\widetilde{x} - \frac{R}{m}\frac{\mathrm{d}\widetilde{x}}{\mathrm{d}t} \tag{4.8}$$

実際の計算により，$\sin\omega t$, $\cos\omega t$ は方程式 (4.8) の解にはなっていないことが確かめられる．

例題 4.5 式 (4.8) を導け．

解 抵抗力は $x(t)$ を用いて $\boldsymbol{F}_{\text{res}} = -R\frac{\mathrm{d}x(t)}{\mathrm{d}t}\boldsymbol{e}_x$ なので，運動方程式は $\widetilde{x}(t)$ で書くと

$$m\frac{\mathrm{d}^2 \widetilde{x}}{\mathrm{d}t^2} = -k\widetilde{x} - R\frac{\mathrm{d}\widetilde{x}}{\mathrm{d}t}$$

この式を m で割ると，式 (4.8) が導かれる．

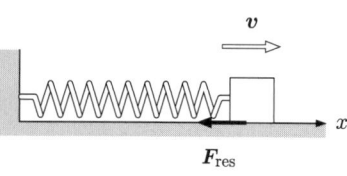

図 4.4

例題 4.6
三角関数が方程式 (4.8) の解にはなっていないことを，実際の計算により確かめよ．

解 具体的に $\widetilde{x}(t) = \sin\omega t$ とおいてみる．t で微分すると $\dfrac{\mathrm{d}\widetilde{x}}{\mathrm{d}t} = \omega\cos\omega t$，$\dfrac{\mathrm{d}^2\widetilde{x}}{\mathrm{d}t} = -\omega^2\sin\omega t$ となり，$R \neq 0$ では方程式 (4.8) の解にはなっていないことがわかる．任意の三角関数で試してみても，同じ結果である．

この事実は抵抗力の効果により，質点はもはや周期運動をしないことからも理解できる．しかしながら方程式 (4.8) の右辺は前と同じように $\widetilde{x}(t)$ の 1 次式であるので，**解の重ね合わせが可能な線形方程式**である．つまり独立な 2 つの解を見出せば，その重ね合わせにより一般解を得ることができる[3]．

2 つの独立な解を見出すために，第 2 章で説明した線形常微分方程式の解法と，第 1 章で説明したオイラーの公式を使おう[4]．一般に α を複素数として解の形を $\widetilde{x}(t) = e^{\alpha t}$ と仮定し，方程式 (4.8) に代入して整理すると

$$\frac{\mathrm{d}}{\mathrm{d}t}e^{\alpha t} = \alpha e^{\alpha t}, \quad \frac{\mathrm{d}^2}{\mathrm{d}t^2}e^{\alpha t} = \alpha^2 e^{\alpha t}$$

より

$$\left(\alpha^2 + \frac{R}{m}\alpha + \frac{k}{m}\right)e^{\alpha t} = 0 \tag{4.9}$$

となる．ここで $e^{\alpha t} \neq 0$ であるので，解くべき方程式は次の **2 次方程式**に帰着される

$$\alpha^2 + \frac{R}{m}\alpha + \frac{k}{m} = 0 \tag{4.10}$$

2 次方程式 (4.10) は，パラメーター R と k の大小により 2 つの場合 (重根の場合を含めると 3 つ) が存在する．それぞれの場合について順番に考えて見よう．

(1) 抵抗力が小さい場合：$\left(\dfrac{R}{m}\right)^2 < \dfrac{4k}{m}$

このときの 2 つの解 $\alpha_\pm$ は複素数となり

$$\alpha_\pm = -\frac{R}{2m} \pm i\sqrt{\frac{k}{m} - \left(\frac{R}{2m}\right)^2} \tag{4.11}$$

と求まる．ここで簡単のために，$\alpha_R = \dfrac{R}{2m}$，$\alpha_I = \sqrt{\dfrac{k}{m} - \left(\dfrac{R}{2m}\right)^2}$ とおくと，元の方程式 (4.8) の一般解は A, B を積分定数として

$$\widetilde{x}(t) = Ae^{\alpha_+ t} + Be^{\alpha_- t}$$

---
[3] 第 2 章で説明したように，独立な解 $\widetilde{x}_1(t)$，$\widetilde{x}_2(t)$ とは，$\widetilde{x}_1(t) \neq c\,\widetilde{x}_2(t)$ (c はゼロでない定数) を満たすものをいう．
[4] オイラーの公式は a, b を実数として，$e^{a+ib} = e^a(\cos b + i\sin b)$．

$$= e^{-\alpha_R t}(A e^{i\alpha_I t} + B e^{-i\alpha_I t}) \tag{4.12}$$

となる．ここで $\tilde{x}(t)$ が実関数であることを思い出すと，$(e^{i\alpha_I t})^* = e^{-i\alpha_I t}$ より，$B = A^*$ でなければならず，$A = \dfrac{A_0 - iB_0}{2}$（ここで A_0, B_0 は実数）とおくと，解 (4.12) は

$$\tilde{x}(t) = e^{-\alpha_R t}\left(A_0 \cos\alpha_I t + B_0 \sin\alpha_I t\right)$$

$$= C e^{-\alpha_R t} \sin\left(\alpha_I t + \varphi\right) \tag{4.13}$$

と変形できる．式 (4.13) において前の因子 $e^{-\alpha_R t}$ は抵抗力による減衰を表し，$\sin(\alpha_I t + \varphi)$ で表される振動は減衰することがわかる．解 (4.13) を図 4.5 に示す．

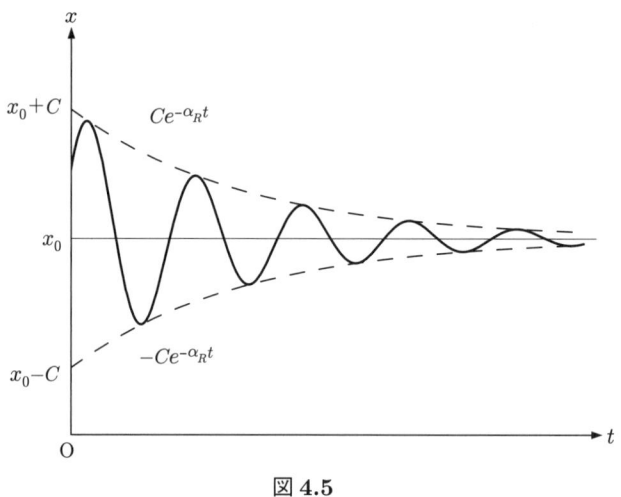

図 4.5

例題 4.7 式 (4.12) を変形して式 (4.13) になることを示せ．

解 式 (4.12) から変形して，
$$A e^{i\alpha_I t} + B e^{-i\alpha_I t} = \frac{A_0 - iB_0}{2} e^{i\alpha_I t} + \frac{A_0 + iB_0}{2} e^{-i\alpha_I t}$$
$$= \frac{A_0}{2}(e^{i\alpha_I t} + e^{-i\alpha_I t}) - \frac{iB_0}{2}(e^{i\alpha_I t} - e^{-i\alpha_I t})$$

より，式 (4.13) となる．

(2) 抵抗力が大きい場合：$\left(\dfrac{R}{m}\right)^2 > \dfrac{4k}{m}$

次に抵抗力が大きい場合について考えよう．2 つの解 $\alpha_\pm$ は

$$\alpha_\pm = -\frac{R}{2m} \pm \frac{1}{2}\sqrt{\left(\frac{R}{m}\right)^2 - \frac{4k}{m}} < 0 \tag{4.14}$$

となり，両方とも負であることがわかる．

もとの方程式の一般解は

$$\tilde{x}(t) = A e^{\alpha_+ t} + B e^{\alpha_- t} \tag{4.15}$$

となり，振動は起こらず単に減衰するだけである．図 4.6 に解 (4.15) を示す．

(3) 重根の場合：$\left(\dfrac{R}{m}\right)^2 = \dfrac{4k}{m}$

特別な場合として 2 次方程式 (4.10) が重根をもつ場合について考えておこう．$\left(\dfrac{R}{m}\right)^2 = \dfrac{4k}{m}$ より微分方程式 (4.8) は

$$\frac{d^2\widetilde{x}}{dt^2} + \frac{R}{m}\frac{d\widetilde{x}}{dt} + \left(\frac{R}{2m}\right)^2 \widetilde{x} = \left(\frac{d}{dt} + \frac{R}{2m}\right)^2 \widetilde{x} = 0 \tag{4.16}$$

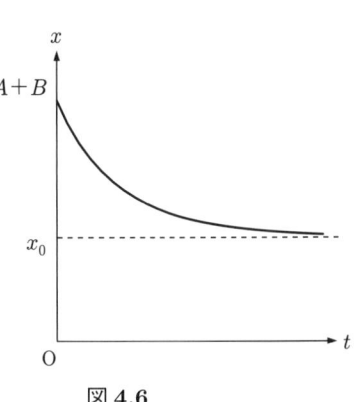

図 4.6

となる．式 (4.16) より 1 つの解は

$$\left(\frac{d}{dt} + \frac{R}{2m}\right)\widetilde{x} = 0 \tag{4.17}$$

を満たすものであり，簡単に

$$\widetilde{x}(t) = e^{-\frac{R}{2m}t} \tag{4.18}$$

と求まる．もう 1 つの解は式 (4.16) と (4.18) より

$$\left(\frac{d}{dt} + \frac{R}{2m}\right)\widetilde{x} = e^{-\frac{R}{2m}t} \tag{4.19}$$

を解くことにより求まる．方程式 (4.19) の解は，

$$\widetilde{x}(t) = te^{-\frac{R}{2m}t} \tag{4.20}$$

である．これより一般解は，

$$\widetilde{x}(t) = Ae^{-\frac{R}{2m}t} + Bte^{-\frac{R}{2m}t} \tag{4.21}$$

である．この解も振動することなしに，減衰する．

例題 4.8 方程式 (4.19) を満たす $\widetilde{x}(t)$ は，方程式 (4.16) を満たすことを確かめよ．

解 以下の式より

$$\left(\frac{d}{dt} + \frac{R}{2m}\right)^2 \widetilde{x} = \left(\frac{d}{dt} + \frac{R}{2m}\right)e^{-\frac{R}{2m}t} = 0$$

確かめられた．

例題 4.9 関数 (4.20) が方程式 (4.19) の解であることを確かめよ．

解 関数 (4.20) を t で微分すると，

$$\frac{d}{dt}\left(te^{-\frac{R}{2m}t}\right) = e^{-\frac{R}{2m}t} - \frac{R}{2m}te^{-\frac{R}{2m}t}$$

これを式 (4.19) の左辺に代入すると解であることが確かめられる．

この章で見たように抵抗力が働くと，バネにつながれた質点の運動は減衰する．このことは**抵抗力を受けると，系のエネルギーが減少する**ことを意味する．第 6 章でこの現象を詳しく調べることにする．

4.3 強制振動

バネにつながれた質点に周期的な外力が加わる場合を考えよう．このような現象を強制振動と呼ぶ．ここでは簡単のため，質点に働く空気の抵抗力の効果は考えないことにする．外力を $F_e \sin \Omega t$ (F_e, Ω は定数)とすると，運動方程式は

$$m\frac{d^2 x}{dt^2} = -k(x - x_0) + F_e \sin \Omega t \tag{4.22}$$

となる．ここで前と同じように $\widetilde{x} = x - x_0$ を導入し整理すると，

$$\frac{d^2 \widetilde{x}}{dt^2} + \omega^2 \widetilde{x} = \frac{F_e}{m} \sin \Omega t \tag{4.23}$$

となる．$F_e = 0$ の場合の一般解はすでに求めてあり，$\widetilde{x}(t) = C \sin(\omega t + \varphi)$ であることを思い出そう．式 (4.23) の右辺は与えられた t の関数であるので，方程式 (4.23) は線形方程式ではないが，方程式 (4.23) を満たす解 (特別解) を 1 つ見つけてそれと一般解を加えれば方程式 (4.23) の一般解となる．

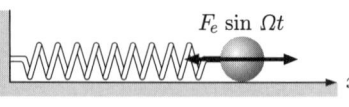

図 4.7

例題 4.10 方程式 (4.23) を満たす 1 つの解を $\widetilde{x}_F(t)$ とすると，$C \sin(\omega t + \varphi) + \widetilde{x}_F(t)$ が方程式 (4.23) を満たすことを確かめよ．ここで C, φ は任意の定数である．

解 $\widetilde{x}_F(t)$ が方程式 (4.23) を満たすことより，

$$\frac{d^2 \widetilde{x}_F}{dt^2} + \omega^2 \widetilde{x}_F = \frac{F_e}{m} \sin \Omega t$$

また，$\dfrac{d^2}{dt^2} C \sin(\omega t + \varphi) = -\omega^2 C \sin(\omega t + \varphi)$ より示せる． ∎

そこで見つけるべき特別解 $\widetilde{x}_F(t)$ を $\widetilde{x}_F(t) = D \sin \Omega t$ とおいて，式 (4.23) に代入すると

$$\frac{d^2 \widetilde{x}_F}{dt^2} + \omega^2 \widetilde{x}_F = -D\Omega^2 \sin \Omega t + \omega^2 D \sin \Omega t = \frac{F_e}{m} \sin \Omega t \tag{4.24}$$

となるから

$$D = \frac{1}{\omega^2 - \Omega^2} \frac{F_e}{m} \tag{4.25}$$

と求まる．したがって，一般解は，

$$\widetilde{x}(t) = C \sin(\omega t + \varphi) + \frac{1}{\omega^2 - \Omega^2} \frac{F_e}{m} \sin \Omega t \tag{4.26}$$

となる．

強制振動を表す解 (4.26) の性質を詳しく見るために，初期条件として $\widetilde{x}(t=0) = 0$, $\dfrac{d\widetilde{x}}{dt}(t=0) = 0$ をとると，得られる特殊解は

$$\widetilde{x}(t) = \frac{F_e}{m} \frac{1}{\omega^2 - \Omega^2} \left(\sin \Omega t - \frac{\Omega}{\omega} \sin \omega t \right) \tag{4.27}$$

となる．

> **例題 4.11** 式 (4.27) を導け．

解 2つの初期条件を具体的に書いてみる．

$$\widetilde{x}(0) = C\sin\varphi = 0,$$

$$\frac{\mathrm{d}\widetilde{x}(0)}{\mathrm{d}t} = C\omega\cos\varphi + \frac{1}{\omega^2 - \Omega^2}\frac{F_\mathrm{e}}{m}\Omega = 0$$

上の2つの式より，

$$\varphi = 0, \quad C = -\frac{\Omega}{\omega(\omega^2 - \Omega^2)}\frac{F_\mathrm{e}}{m}$$

と求まる． ∎

ここで解 (4.27) を三角関数の加法定理を用いて変形する．$\alpha_\pm = \dfrac{\Omega \pm \omega}{2}$ とおくと，

$$\sin\Omega t = \sin\alpha_+ t\cos\alpha_- t + \cos\alpha_+ t\sin\alpha_- t,$$

$$\sin\omega t = \sin\alpha_+ t\cos\alpha_- t - \cos\alpha_+ t\sin\alpha_- t \tag{4.28}$$

と表されるから，これを式 (4.27) に代入すると

$$\widetilde{x}(t) = \frac{F_\mathrm{e}}{m}\frac{1}{\omega^2 - \Omega^2}\left[\left(1 - \frac{\Omega}{\omega}\right)\sin\alpha_+ t\cos\alpha_- t \right.$$
$$\left. + \left(1 + \frac{\Omega}{\omega}\right)\cos\alpha_+ t\sin\alpha_- t\right] \tag{4.29}$$

となる．

ここで特にバネの振動数 ω と外力の振動数 Ω が近い場合を考えよう．このとき $\widetilde{x}(t)$ の振幅は大きくなり，かつ式 (4.29) の第2項が支配的になる．また $|\alpha_-| \ll 1$ より，この項はゆっくり変動する波 $\sin\alpha_- t$ と早く振動する波 $\cos\alpha_+ t$ の積の形をしており，**唸り**が出現することがわかる．この様子を図 4.8 に図示する．

この節ではバネにつながれた質点の強制振動を考えたが，それと同じ現象が，たとえば，地震による家屋の振動にも起こると考えてよい．このとき，バネの振動数 ω は家屋の固有振動と呼ばれるものに対応し，外力は地

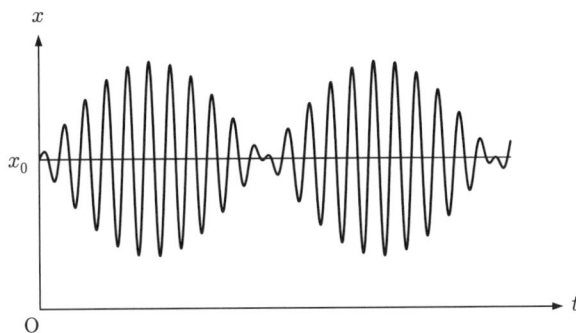

図 4.8

震による地面の揺れに他ならない．地震は多数の異なる周期をもつ揺れの重ね合わせであり，その周期が家屋の固有周期に近いとき，家屋の揺れは非常に大きくなり倒壊の危機を迎えることになる．

章末問題 4

4.1 あるバネに 10 g の物体をつるしたところ，バネは 3 cm 伸びた．この物体を上下振動させたときの周期を求めよ．

4.2 ばね定数が $k = 100$ N/m のバネの一端を壁に固定し水平で滑らかな台に置いた．もう一つの端に質量が 3 kg の物体を付け，平衡の位置から 0.2 m だけ伸ばして手を離した．物体の最大速度はいくらか？ また最初にその速度に到達する時間はいつか？

4.3 真空中で周期が 3 秒で振動するバネを空気中で振動させると 2 秒で振幅が $1/e$ となった．空気中でのこのバネの減衰部分を除いた周期を求めよ．ただし空気による減衰はバネの振動の速度に比例するものとする．

4.4 図 4.9 に示すように質量が m である物体の両側に，自然長が x_0 でバネ定数が k である 2 本のバネを付け壁に固定した．壁の間隔を $2L$ とする．物体の運動について調べよ．

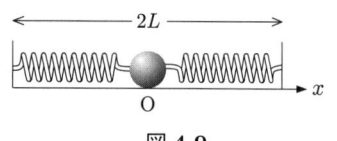

図 4.9

運動量の変化と力積

この章では，基本的な物理量である運動量を導入する．その後，運動方程式を変形することにより，運動量の変化と力積の関係を求める．具体的な例を用いて，その内容を理解する．

質点の運動を理解するために重要な物理量である運動量を導入しよう．質量が m の質点が速度 v で運動しているとき，その**運動量** p は

$$p = mv = m\frac{\mathrm{d}r}{\mathrm{d}t} \tag{5.1}$$

で定義される．この定義より，運動量の単位は $\mathrm{kg \cdot m/s}$ であることがわかる．この運動量を用いると，ニュートンの運動方程式は

$$\frac{\mathrm{d}p}{\mathrm{d}t} = F \tag{5.2}$$

と表される．質点の質量が時間によらず一定の場合，式 (5.2) は第 2 章で説明した式 (2.1) と同じ内容であることは明らかである．しかし燃料を燃やしつつ運動するロケットを考えると，その質量は時間とともに変化し，燃やした燃料の分だけ時間とともに軽くなっているはずである．この場合，2 つの方程式 (2.1)，(5.2) のどちらが正しいであろうか？ 実はこのような場合，方程式 (5.2) が正しいことが知られている (詳しくは第 10 章で学ぶ)．その意味で，運動量の方が速度よりより基本的な物理量であるといえる．

式 (5.2) からすぐにわかることは，力が質点に作用しないときには $F = 0$ より，運動量が一定である，つまり**保存する**ことが導かれる．では，一般に力が質点に作用している場合，運動量の変化と力の間にはどのような関係があるであろうか？ その問の答えは運動方程式 (5.2) から直接得られる．

図 5.1 に示すように，質量 m の質点に力 $F(t)$ が作用してるとしよう．ここで力が時間とともに変化することを強調するために，変数 t を陽に書いてあることに注意する．この時間依存性は質点が時間とともに位置および運動量 (速度) を変えることから現れることもあるし，実際に力が時間とともに変化する場合もある．運動方程式 (5.2) の両辺を時刻 t_1 から t_2 まで積分すると次の式が得られる．

$$\int_{t_1}^{t_2} \frac{\mathrm{d}p}{\mathrm{d}t} \mathrm{d}t = p(t_2) - p(t_1) = \int_{t_1}^{t_2} F(t) \mathrm{d}t \tag{5.3}$$

ここで式 (5.3) がベクトルの式であること，つまり各成分ごとに成立する式

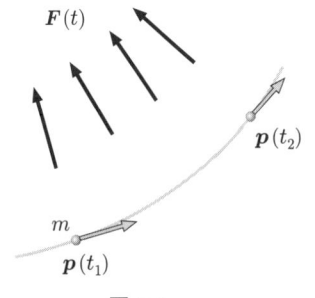

図 **5.1**

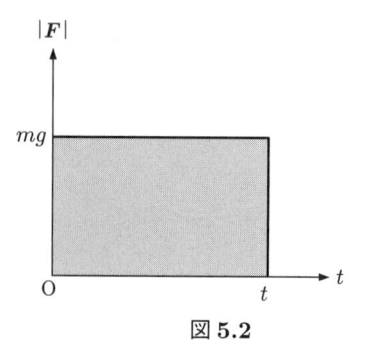

であることに注意する．式 (5.3) の右辺は時間について力を積分したものであり，**力積**と呼ばれる量である．式 (5.3) より**運動量の変化**は**力積**で与えられることがわかる．また力積の単位は運動量の単位と同じで kg·m/s である．

一般に物体に作用している力を直接測るのは困難な場合がある．一方，その速度を測定するのはさほど難しくない．式 (5.3) を用いると物体に作用した力を知ることができる．例を挙げて見てみよう．

例 1. 自由落下する質点 (図 5.2)

重力を受けて自由落下する質点を考えよう．その質量を m とすると，重力は鉛直下方に作用しその大きさは一定で mg である．t 間の力積の大きさは mgt であるので，質点の鉛直下方速度を $v(t)$ とすると

$$m(v(t) - v(0)) = mgt \tag{5.4}$$

となる．

例 2. 自動車のスタート (図 5.3)

もう少し面白い例として自動車のスタート時に作用する力について考えてみよう．静止していた質量が 1000 kg の自動車が，時刻 $t = 0$ からスタートし，60 秒後に速度 $v = 30$ m/s ($= 108$ km/h) になったとしよう．この間に作用した力が一定であったとすると，その大きさはどのくらいであろうか？ 式 (5.3) を用いると，$m(v(t) - v(0)) = Ft$ となり，この式に数値を代入すると，

$$1000 \, \text{kg} \cdot 30 \, \text{m/s} = F \cdot 60 \, \text{s} \tag{5.5}$$

より，$F = 500 \, \text{kg} \cdot \text{m/s}^2 = 500 \, \text{N}$ と求まる．

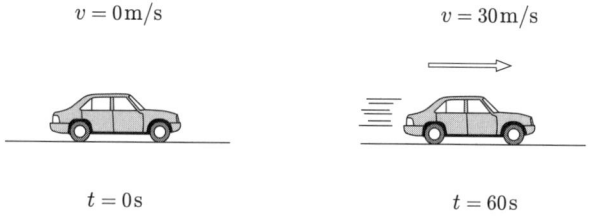

図 5.3

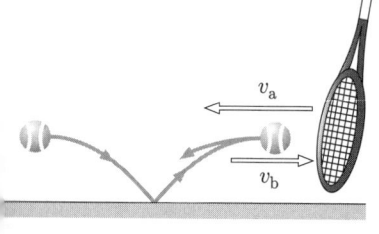

例 3. テニスのストローク (図 5.4)

1 回コートにバウンドしたボールを打つ場合を考えよう．簡単のために同じ方向に打ち返すとする．打たれる前の速度を $v_b = 10$ m/s，打たれた後を $v_a = 30$ m/s とし，ボールの質量を 200 g $= 0.2$ kg とすると，運動量の変化は

$$m(v_a - (-v_b)) = 0.2 \, \text{kg} \cdot (30 - (-10)) \, \text{m/s} = 8 \, \text{kg} \cdot \text{m/s} \tag{5.6}$$

図 5.4

となる．一方，ボールがラケットに接している時間はプレーヤーの力量によるがおおよそ 0.01 s である．これよりボールがラケットから受ける力 F は，

$$F = \frac{1}{0.01}\frac{1}{\text{s}} \cdot 8\,\text{kg}\cdot\text{m/s} = 800\,\text{N} \tag{5.7}$$

と見積もられる．

例 4. 自動車がカーブするとき (図 5.5)

最後に自動車がカーブするときに働く力を求めてみよう．北向きに 30 m/s で走っていた自動車が 10 秒後に西向きに 40 m/s で走っていた．この間に作用した力の平均 $\boldsymbol{F}$ を，式 (5.3) を使い求める．東向きを x 座標の正の向き，北向きを y 座標の正の向きとして，$\boldsymbol{F} = (F_x, F_y)$ とする．一方，運動量は自動車の質量を 1000 kg とすると，

$$\boldsymbol{p}(\text{前}) = (p_x(\text{前}), p_y(\text{前})) = (0\,\text{kg}\cdot\text{m/s}, 1000\,\text{kg}\cdot 30\,\text{m/s}), \tag{5.8}$$

$$\boldsymbol{p}(\text{後}) = (p_x(\text{後}), p_y(\text{後})) = (-1000\,\text{kg}\cdot 40\,\text{m/s}, 0\,\text{kg}\cdot\text{m/s}) \tag{5.9}$$

となる．これより，

$$\boldsymbol{F} = (-4000\,\text{N}, -3000\,\text{N}) \tag{5.10}$$

と求まる．

図 5.5

章末問題 5

5.1 質量が 1500 kg の自動車が時速 60 km で走っている (図 5.6)．ブレーキをかけると 2000 N の力で減速が起こるとすると，静止するまでの時間はいくらかかるか？　またその間に自動車が移動する距離はいくらか？

5.2 図 5.7 に示すように水平な床でボールがはずんだ．ボールが受けた力積の方向を矢印で示せ．

5.3 自動車に取り付けられたエアバッグは，自動車が何かに衝突した瞬間に膨らんで乗車している人を守る装置である．この原理を力積と運動量の変化の関係式により説明せよ．

5.4 質量が 0.2 kg のボールをピッチャーがキャッチャーに向かって投げ，キャッチャーが捕球した．捕球前のボールの速度を 130 km/時，また捕球時にキャッチャーは 0.2 m 引きながら捕球した．捕球の間にミットに働く平均の力を計算せよ．

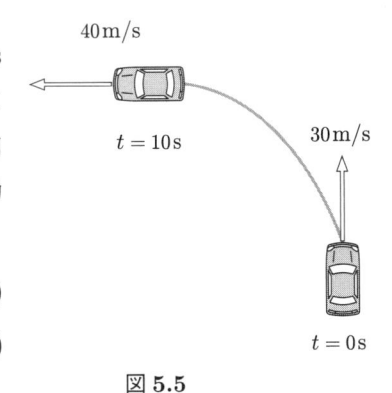

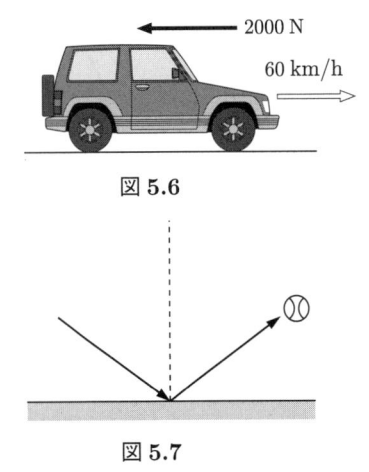

図 5.6

図 5.7

6

仕事，保存力，位置エネルギーと力学的エネルギーの保存則

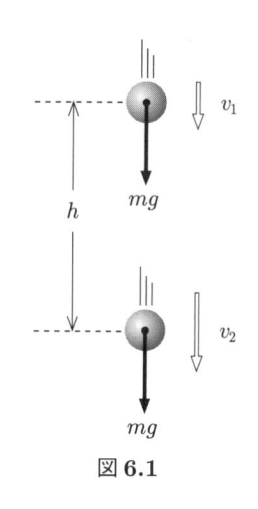

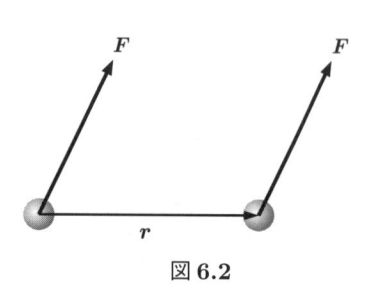

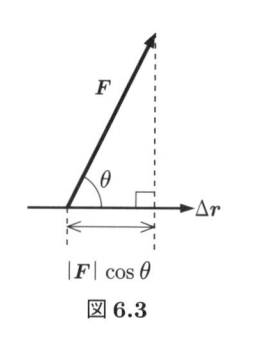

この章では，力が行う仕事について考える．一般に仕事は質点が動いた経路により異なるが，力が保存力である場合には経路の詳細にはよらずに，経路の始点と終点にのみ依存する．位置エネルギーの定義と力学的エネルギーの保存則について説明する．

6.1 仕事

たとえば，重力がする仕事を考える．質量が m の質点には鉛直下方に大きさが mg の重力が作用している．この質点が高さ h だけ鉛直下方に落下したときに重力がした仕事は，その大きさ mg と移動距離 h の積 mgh である（図 6.1）．一般的に，質点に作用した力 $\boldsymbol{F}$ の方向と質点が移動した方向が異なるとき，一定の力 $\boldsymbol{F}$ がした仕事は，位置の移動ベクトルを $\boldsymbol{r}$ として $\boldsymbol{F} \cdot \boldsymbol{r}$ で与えられる．ここで「·」はベクトルの内積を表す（図 6.2）．この考えをもとに，一般に力 $\boldsymbol{F}$ が行う仕事について以下のように定義をする．微小時間 Δt の間に質点が $\Delta \boldsymbol{r}$ だけ移動したとする．この間に働いていた力を $\boldsymbol{F}$ とすると，Δt を十分小さくとると $\boldsymbol{F}$ は一定であると見なせる．一般的には質点に働く力が合力である場合がある．そのようなときには，その合力の内の1つとして $\boldsymbol{F}$ を考えてもよい．力 $\boldsymbol{F}$ が質点にした**微小仕事** ΔW は

$$\Delta W = \boldsymbol{F} \cdot \Delta \boldsymbol{r}$$
$$= |\boldsymbol{F}||\Delta \boldsymbol{r}| \cos \theta \qquad (6.1)$$

となる．ここで θ は $\boldsymbol{F}$ と $\Delta \boldsymbol{r}$ がなす角である．式 (6.1) は力の移動方向成分と移動距離の積が仕事であることを意味している（図 6.3）．上に述べたように他の力が質点に作用しているときには，$\boldsymbol{F}$ のした仕事が負になることも起こりえることに注意する．仕事の単位は定義より N·m であるが，これを新たに

$$\mathrm{N \cdot m} = \mathrm{J} \ (ジュール)$$

と呼ぶ．

図 6.1

図 6.2

図 6.3

> **例題 6.1** フォークリフトが質量が m の物体を高さ h だけ持ち上げた．このときフォークリフトが重力に逆らってした仕事はいくらか？

解 重力は鉛直下方に mg の大きさで物体に作用している．これに逆らって h だ

け持ち上げるとき，フォークリフトは mgh の仕事をする．

図 6.4 に示すように質点が位置 r_A から r_B まで移動した間に力 $\boldsymbol{F}$ がした仕事を定義しよう．その**経路**を P とし，N 個の部分に細かく分けよう．それぞれの部分を $i=1$ から N まで番号付けをする．個数 N を十分多くすると，それぞれの部分は小さな線分と見なすことができる．その線分を $\Delta \boldsymbol{r}_i$，そこで作用した力を $\boldsymbol{F}_i$ とすると，質点が経路 P に沿って移動した間に力がした仕事は

$$W_{A(P)B} = \lim_{N\to\infty} \sum_{i=1}^{N} \Delta W_i$$
$$= \lim_{N\to\infty} \sum_{i=1}^{N} \boldsymbol{F}_i \cdot \Delta \boldsymbol{r}_i \quad (6.2)$$

図 6.4

で与えられる．式 (6.2) の右辺で与えられる量は**線積分**と呼ばれ，次の記号で表すことにしよう

$$W_{A(P)B} = \int_{A(P)}^{B} \boldsymbol{F} \cdot d\boldsymbol{r} \quad (6.3)$$

ここで $\boldsymbol{F} \cdot d\boldsymbol{r}$ は $\boldsymbol{F}$ と $d\boldsymbol{r}$ の内積を意味する．線積分は通常の関数の積分の拡張になっていることに注意しよう．

ここで，特に空間 1 次元内での質点の運動を考える．空間座標を x 軸にとり，$\boldsymbol{e}_x$ を単位ベクトルとする．力が質点の座標 x のみに依存する場合，力は $\boldsymbol{F} = F(x)\boldsymbol{e}_x$ となる．質点の微小移動ベクトルも同様に $\Delta x_i \boldsymbol{e}_x$ と書けることに注意すると，質点が x_A から x_B まで移動したときに力 $\boldsymbol{F}$ がする仕事 W は式 (6.2) より，

$$W(x_A, x_B) = \lim_{N\to\infty} \sum_{i=1}^{N} F(x_i) \Delta x_i$$
$$= \int_{x_A}^{x_B} F(x) dx \quad (6.4)$$

と通常の関数積分となる．

例題 6.2 式 (6.4) は $x_B < x_A$ の場合も成立することを確かめよ．

解 $x_B < x_A$ の場合，各線分は $\Delta \boldsymbol{x}_i = -\Delta x_i \boldsymbol{e}_x$ $(\Delta x_i > 0)$ である．一方，力は $\boldsymbol{F}(x) = F(x)\boldsymbol{e}_x$ であるから，仕事は内積をとって

$$-\lim_{N\to\infty} \sum_{i=1}^{N} F(x_i) \Delta x_i = -\int_{x_B}^{x_A} F(x) dx = \int_{x_A}^{x_B} F(x) dx$$

となる．

また質点の移動経路 P が時間 t の関数として $\boldsymbol{r} = \boldsymbol{r}(t)$ と陽に与えられて

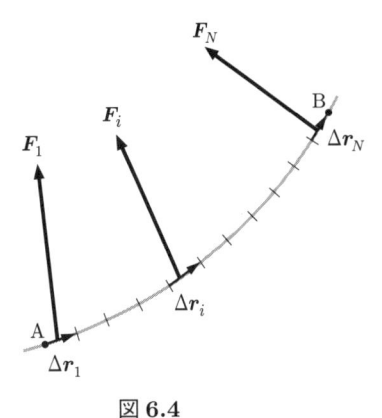

いるときには
$$\Delta \bm{r} = \frac{\mathrm{d}\bm{r}}{\mathrm{d}t}\Delta t$$
より,
$$W_{\mathrm{A(P)B}} = \int_{\mathrm{A}}^{\mathrm{B}} \bm{F}[\bm{r}(t)] \cdot \frac{\mathrm{d}\bm{r}}{\mathrm{d}t}\mathrm{d}t \tag{6.5}$$
となる．ここで力 $\bm{F}$ が質点の位置だけでなく，その速度等にも依存する可能性を考えて $\bm{F}[\bm{r}(t)]$ と表した[1].

ここで簡単な例として，角度 θ の斜面を滑り落ちる質量 m の物体 (質点と見なせるとする) を考え，その物体に作用する重力のする仕事について考えよう．図 6.5 に示すように，斜面に沿って L だけ落下する間に，重力は鉛直下方に mg の大きさで作用するので，その斜面成分は $mg\cos\left(\frac{\pi}{2}-\theta\right)$ である．したがって，重力のする仕事は
$$W = mgL\cos\left(\frac{\pi}{2}-\theta\right)$$
$$= mgL\sin\theta$$
$$= mgh \tag{6.6}$$

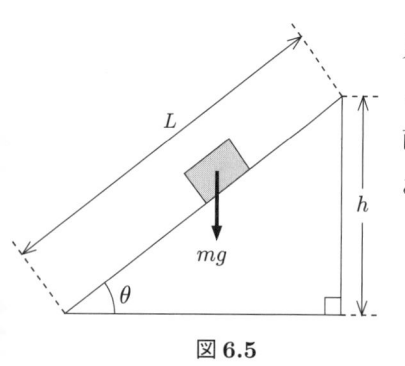

図 6.5

となる．ここで h は滑り落ちた鉛直方向の距離である．したがって，滑り落ちる間に重力が行った仕事は斜面の角度 θ によらないことがわかる．

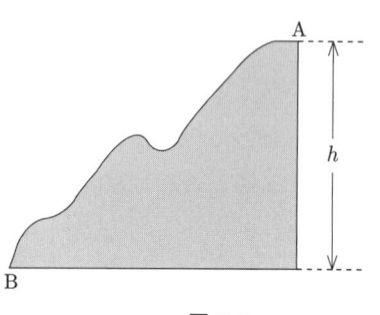

上の結果より空間のある点 A から B までをつなぐ斜面があり，それに沿って質点が滑り落ちるとき，重力のする仕事はその斜面の形状には依存せずに，ただ滑り落ちた高さにのみよることが導かれる．その高さを h とすると，重力のした仕事は $W = mgh$ である (図 6.6).

図 6.6

上の議論では質点と斜面間の摩擦力を無視している．そこで摩擦力 $\bm{F}_{\mathrm{res}}$ の効果を考えよう．摩擦力は一種の抵抗力であり，その大きさは接している面からの抗力の大きさに比例し，方向は速度と反対方向を向いている．したがって，$\bm{F}_{\mathrm{res}} = -b\bm{v}/v$ となる．ここで b は抗力の大きさと動摩擦係数に比例する定数であり，抗力の大きさを N，動摩擦係数を μ' とすると，$b = \mu' N$ で与えられる．$\bm{F}_{\mathrm{res}}$ より摩擦力のする仕事の大きさは $W = bL$ と表される．この結果より一般の斜面の場合，摩擦力の行う仕事は斜面を滑った距離に比例することになる．

上の 2 つの例で明らかなように，力の中には重力のように，その仕事が経路によらないものと，摩擦力のように経路によるものがあることがわかる．**仕事が経路によらない力を保存力と呼び，経路による力を非保存力と呼ぶ．**

問 6.1　第 2 章で考えた鉛直落下における空気の抵抗力について，その行う仕事について考察せよ．

---

[1] 単純に位置のみに依存する場合は $\bm{F}(\bm{r}(t))$ と書く．

6.2 運動エネルギーと仕事

この節では運動エネルギーの変化と作用している力が行った仕事の関係について見てみよう．これは第 5 章で説明した運動量の変化と力積の関係に似ている．いまの場合も出発点は運動方程式である．

質量が m の質点が Δt の間に $\Delta \boldsymbol{r}$ だけ移動したとしよう．このとき，$\Delta \boldsymbol{r} \sim \boldsymbol{v}\,\Delta t = \dfrac{\mathrm{d}\boldsymbol{r}}{\mathrm{d}t}\Delta t$ である．運動方程式 $m\dfrac{\mathrm{d}^2\boldsymbol{r}}{\mathrm{d}t^2} = \boldsymbol{F}$ の両辺と $\Delta \boldsymbol{r}$ との内積をとると，

$$m\frac{\mathrm{d}^2\boldsymbol{r}}{\mathrm{d}t^2} \cdot \Delta \boldsymbol{r} = \boldsymbol{F} \cdot \Delta \boldsymbol{r} \sim \boldsymbol{F} \cdot \left(\frac{\mathrm{d}\boldsymbol{r}}{\mathrm{d}t}\right)\Delta t \tag{6.7}$$

となる．ここで式 (6.7) の右辺は Δt の間に力がした仕事である．一方，式 (6.7) の左辺が運動エネルギー $\dfrac{1}{2}m\boldsymbol{v}^2$ の Δt 間の変化であることを以下に示そう．

$$\frac{\mathrm{d}}{\mathrm{d}t}\left[\frac{m}{2}\left(\frac{\mathrm{d}\boldsymbol{r}}{\mathrm{d}t}\right)^2\right]\Delta t = m\left(\frac{\mathrm{d}\boldsymbol{r}}{\mathrm{d}t}\right) \cdot \left(\frac{\mathrm{d}^2\boldsymbol{r}}{\mathrm{d}t^2}\right)\Delta t$$
$$\sim m\left(\frac{\mathrm{d}^2\boldsymbol{r}}{\mathrm{d}t^2}\right) \cdot \Delta \boldsymbol{r} \tag{6.8}$$

これより，微小時間 Δt 間での運動エネルギーの変化は，その時間内に力 $\boldsymbol{F}$ がした仕事に等しいことがわかる．式 (6.8) の式変形と運動方程式から求まる式

$$\frac{\mathrm{d}}{\mathrm{d}t}\left[\frac{m}{2}\left(\frac{\mathrm{d}\boldsymbol{r}}{\mathrm{d}t}\right)^2\right]\Delta t = \boldsymbol{F} \cdot \left(\frac{\mathrm{d}\boldsymbol{r}}{\mathrm{d}t}\right)\Delta t \tag{6.9}$$

をもとに，時間 t_A から t_B までの間に，質点が経路 P，$\boldsymbol{r} = \boldsymbol{r}(t)$，に沿って移動した場合を考えよう．すると，以下の式が成立することがわかる．

$$\int_{t_\mathrm{A}}^{t_\mathrm{B}} \frac{\mathrm{d}}{\mathrm{d}t}\left[\frac{m}{2}\left(\frac{\mathrm{d}\boldsymbol{r}}{\mathrm{d}t}\right)^2\right]\mathrm{d}t = \int_{t_\mathrm{A}}^{t_\mathrm{B}} \boldsymbol{F} \cdot \frac{\mathrm{d}\boldsymbol{r}}{\mathrm{d}t}\mathrm{d}t$$
$$= \int_{\mathrm{A(P)}}^{\mathrm{B}} \boldsymbol{F} \cdot \mathrm{d}\boldsymbol{r} \tag{6.10}$$

ここで式 (6.10) の左辺は時間 t での積分を実行すると運動エネルギー $T = \dfrac{1}{2}m\boldsymbol{v}^2$ の時間 t_B と t_A での値の差であるから

$$\text{運動エネルギーの差} = T(t_\mathrm{B}) - T(t_\mathrm{A})$$
$$= \frac{1}{2}m\boldsymbol{v}_\mathrm{B}{}^2 - \frac{1}{2}m\boldsymbol{v}_\mathrm{A}{}^2$$
$$= W_\mathrm{A(P)B}$$
$$= \text{力 }\boldsymbol{F}\text{ のした仕事} \tag{6.11}$$

となる (図 6.7)．ここで式 (6.11) の右辺の中の $\boldsymbol{F}$ が，複数の力の和からな

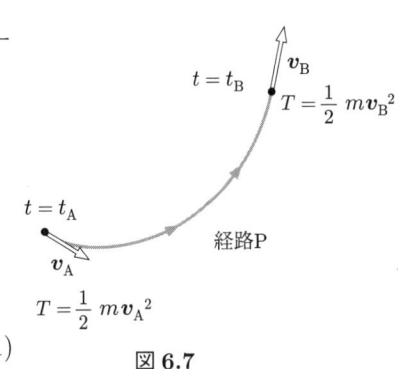

図 6.7

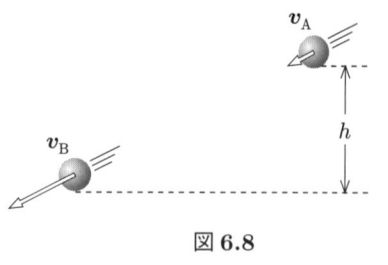

る合力である場合, $W_{A(P)B}$ はその合力全体のした仕事であることに注意しよう.

「運動エネルギーの変化＝力のした仕事」

上で求まった関係 (6.11) の具体例として, 斜面を摩擦無しに滑り落ちる質量が m の質点を考えよう (図 6.8). 斜面を鉛直方向に高さ h だけ滑り落ちると, 以前に見たように重力は mgh だけ仕事をする. これより頂点での速度を v_A, 着地点での速度を v_B とすると,

$$\frac{1}{2}m v_B{}^2 - \frac{1}{2}m v_A{}^2 = mgh, \tag{6.12}$$

となる. ここで式 (6.12) は斜面の形には依存しないことに注意しよう.

6.3 保存力とポテンシャルエネルギー

質点に力 $\boldsymbol{F}$ が作用し, 点 A から B へ移動したとしよう. この間に, 別の力が作用していてもよい. この移動は一般には多数の異なる経路をへて行うことができる. たとえばボールを A 地点から B 地点に向かって投げるとき, 山形の経路もとれるし, 地面に平行に高速で投げることもできる. 一般的にはこのときに $\boldsymbol{F}$ のする仕事は経路に依存するが, **保存力と呼ばれる特別な力ではその仕事は質点が移動した経路には依存せず,**

$$W_{A(P)B} = W_{A(P')B} \tag{6.13}$$

が成り立つ. ここで P, P' は始点を A, 終点 B をとる 2 つの任意の経路である (図 6.9). 先に説明したように, 重力は保存力の一種である.

式 (6.13) を別の形に表しておこう. 経路 P' を逆向きに進む経路を $\overline{P'}$ と書く. すると仕事の定義より, $W_{A(P')B} = -W_{B(\overline{P'})A}$ である. これより

$$W_{A(P)B} - W_{A(P')B} = W_{A(P)B} + W_{B(\overline{P'})A} = 0 \tag{6.14}$$

となる. 経路 P と $\overline{P'}$ は閉じた経路を成すから, 任意の閉じた経路 C について保存力 $\boldsymbol{F}$ は

$$\oint_{(C)} \boldsymbol{F} \cdot d\boldsymbol{r} = 0 \tag{6.15}$$

を満たす. ここで $\oint_{(C)}$ は閉じた経路 C に沿っての線積分を表す (図 6.10). 図 6.11 に示すように, 一部を共有する 2 つの閉じた経路 C_1, C_2 を考えよう. このとき, 仕事の定義から

$$\oint_{(C_1)} \boldsymbol{F} \cdot d\boldsymbol{r} + \oint_{(C_2)} \boldsymbol{F} \cdot d\boldsymbol{r} = \oint_{(C_1+C_2)} \boldsymbol{F} \cdot d\boldsymbol{r} \tag{6.16}$$

が成り立つ. これより, 一般の閉じた経路 C について上式 (6.15) が成立するためには, 任意の微小な閉じた経路 δC に対して式 (6.15) が成立すれば

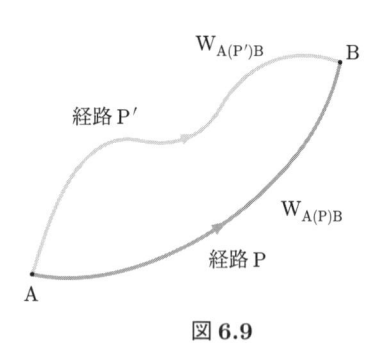

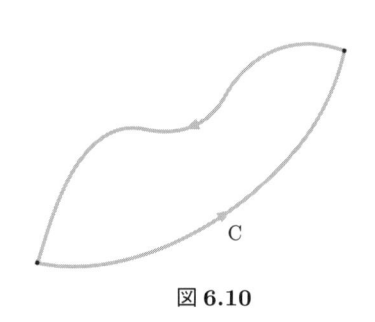

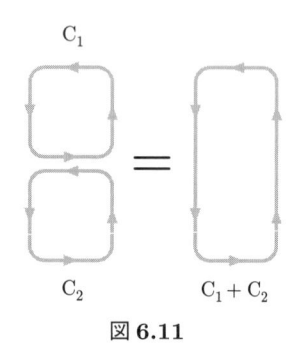

よいことは明らかである[2].

ここで保存力 $\boldsymbol{F}$ に対して**ポテンシャルエネルギー (位置エネルギー)** $V(\boldsymbol{r})$ が定義できることを示そう．基準点を $\boldsymbol{r}_0$ として，位置 $\boldsymbol{r}$ にいる質点のポテンシャルエネルギー $V(\boldsymbol{r})$ は

$$V(\boldsymbol{r}) = -\int_{\boldsymbol{r}_0}^{\boldsymbol{r}} \boldsymbol{F}(\boldsymbol{r})\cdot \mathrm{d}\boldsymbol{r}, \tag{6.17}$$

で定義される．$\boldsymbol{r}_0$ は任意に選んでよい．$\boldsymbol{F}(\boldsymbol{r})$ は保存力なので，式 (6.17) の右辺に現れる積分はその経路のとり方によらず，**$V(\boldsymbol{r})$ は位置 $\boldsymbol{r}$ のみの関数**となる (図 6.12)．このポテンシャルエネルギーを用いると，任意の 2 点 $\boldsymbol{r}$ と $\boldsymbol{r}'$ を移動する間に $\boldsymbol{F}$ のする仕事は，

$$\int_{\boldsymbol{r}}^{\boldsymbol{r}'} \boldsymbol{F}(\boldsymbol{r})\cdot \mathrm{d}\boldsymbol{r} = V(\boldsymbol{r}) - V(\boldsymbol{r}') \tag{6.18}$$

で与えられ，その経路や基準点にはよらないことになる (図 6.12)．

** 「保存力にはポテンシャルエネルギーが定義できる」 **

図 6.12

一般に日常の生活で起こる現象では，物体は抵抗力や摩擦力などの非保存力を受けている．前に述べたように，動いている物体に作用する摩擦力の大きさは，動摩擦係数を μ'，垂直抗力を N とすると $\mu' N$ であり，摩擦力のする仕事は移動した距離に比例する．

ここで保存力の例を挙げておこう．先に説明したように，重力は保存力である．また，重力の元である万有引力，それと同じ性質をもつクーロン力も保存力である．特に空間 1 次元内の運動を考えると，力 F が質点の位置座標 x のみに依存する場合，それが保存力であることは以下のように容易に確かめることができる．質点が位置 x_A から $x_\mathrm{B}(>x_\mathrm{A})$ へ移動し，その後 x_A に戻る閉じた経路を考えよう (図 6.13)．この閉じた経路で力 $F(x)$ がする仕事は

$$\int_{x_\mathrm{A}}^{x_\mathrm{B}} F(x)\mathrm{d}x + \int_{x_\mathrm{B}}^{x_\mathrm{A}} F(x)\mathrm{d}x = 0 \tag{6.19}$$

となる．

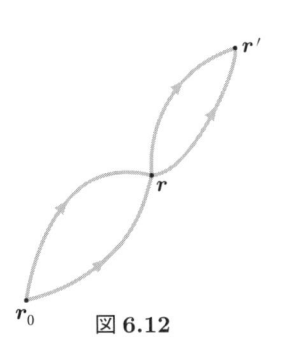

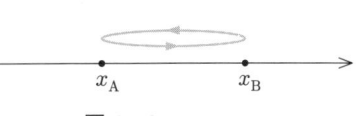

図 6.13

この空間 1 次元系でのポテンシャルエネルギーは基準点を X_0 として，

$$V(x) = -\int_{X_0}^{x} F(x)\mathrm{d}x, \tag{6.20}$$

で与えられる．具体的な例として第 4 章で調べたバネの単振動を考えよう．このとき力は $F(x) = -k(x-x_0)$ と与えられる．特に基準点 X_0 を自然長 x_0 ととると，

$$V(x) = -\int_{x_0}^{x}[-k(x-x_0)]\mathrm{d}x = \frac{k}{2}(x-x_0)^2, \tag{6.21}$$

---

[2] ここで，空間内の任意の閉じた経路 C は連続的に 1 点に縮められることを仮定している．

となる．一方，減衰振動のときに考えた抵抗力 $\boldsymbol{F}_{\mathrm{res}}$ は，質点の位置 x でなく，速度 $\boldsymbol{v}$ に依存しているので保存力ではないことに注意しよう．

例題 6.3 式 (6.21) において，基準点を一般の X_0 としたときのポテンシャルエネルギーを求めよ．

解
$$V(x) = -\int_{X_0}^{x} [-k(x-x_0)^2]\mathrm{d}x = \frac{k}{2}[(x-x_0)^2 - (X_0-x_0)^2].$$

と求まる．

次に質量が m の質点の重力のポテンシャルエネルギーを求めてみよう．A 地点の座標を (x,y,z)，B 地点の座標を (x',y',z') とすると，式 (6.18) および重力が $(-z)$ 方向に作用していることより，

$$\begin{aligned} V_{\mathrm{A}} - V_{\mathrm{B}} &= \int_{\boldsymbol{r}_{\mathrm{A}}}^{\boldsymbol{r}_{\mathrm{B}}} \boldsymbol{F}(\boldsymbol{r}) \cdot \mathrm{d}\boldsymbol{r} \\ &= -mg(z'-z) \\ &= mg(z-z') \end{aligned} \tag{6.22}$$

と，よく知られた結果が得られる．

6.4 力学的エネルギーの保存と保存力の条件

保存力に対して，力学的エネルギーの保存則が成り立つことを示そう．これまでに求めた式 (6.11) と (6.18) より，

$$\begin{aligned} T(t_{\mathrm{B}}) - T(t_{\mathrm{A}}) &= \int_{\mathrm{A}}^{\mathrm{B}} \boldsymbol{F} \cdot \mathrm{d}\boldsymbol{r} \\ &= V(\boldsymbol{r}_{\mathrm{A}}) - V(\boldsymbol{r}_{\mathrm{B}}), \end{aligned} \tag{6.23}$$

が示される．この式を変形すると，

$$T(t_{\mathrm{A}}) + V(\boldsymbol{r}_{\mathrm{A}}) = T(t_{\mathrm{B}}) + V(\boldsymbol{r}_{\mathrm{B}}), \tag{6.24}$$

となる．運動エネルギー T とポテンシャルエネルギー V の和 $E = T + V$ は力学的エネルギーと呼ばれ，式 (6.24) は質点に作用する力が保存力ならば，運動の過程で力学的エネルギー E が保存されることを示している

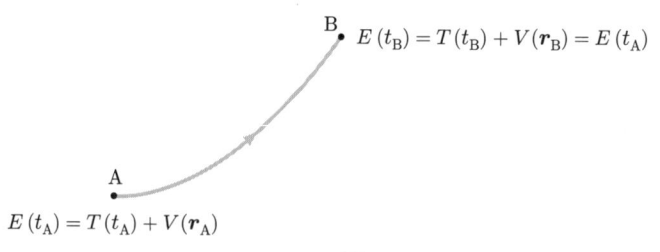

$$E(t_{\mathrm{B}}) = T(t_{\mathrm{B}}) + V(\boldsymbol{r}_{\mathrm{B}}) = E(t_{\mathrm{A}})$$

$$E(t_{\mathrm{A}}) = T(t_{\mathrm{A}}) + V(\boldsymbol{r}_{\mathrm{A}})$$

図 6.14

(図 6.14). 一方, バネの減衰振動で見た抵抗力は保存力ではなく, バネの振動の力学的エネルギー (運動エネルギーとポテンシャルエネルギーの和) は保存されない. 実際にエネルギーはバネから空気へと移っているのである.

** 「保存力のみが働く質点系では, 力学的エネルギーが保存する」 **

一般に力 $\boldsymbol{F}$ は 3 成分ベクトルで表され, その各成分 (F_x, F_y, F_z) の間に関係はない. 一方, ポテンシャルエネルギーは 1 成分のスカラー量である. 以下に示すように, 保存力とそのポテンシャルエネルギーには直接的な関係があることがわかる. それを見るために仕事が経路によらない条件を, もっとわかりやすい局所的な条件で置き換えてみよう.

$\Delta \boldsymbol{r} = (\Delta x, \Delta y, \Delta z)$ を微小な位置の変位ベクトルとして, $\boldsymbol{r}$ から $\boldsymbol{r} + \Delta \boldsymbol{r}$ の間に保存力 $\boldsymbol{F} = (F_x, F_y, F_z)$ がする仕事を考えよう. これはポテンシャルエネルギーの差で与えられ,

$$V(\boldsymbol{r} + \Delta \boldsymbol{r}) - V(\boldsymbol{r}) = -\int_{\boldsymbol{r}}^{\boldsymbol{r}+\Delta \boldsymbol{r}} \boldsymbol{F} \cdot \mathrm{d}\boldsymbol{r}$$

$$\simeq -\boldsymbol{F}(\boldsymbol{r}) \cdot \Delta \boldsymbol{r}$$

$$= -[F_x \Delta x + F_y \Delta y + F_z \Delta z], \tag{6.25}$$

となる. これより,

$$F_x = -\frac{\partial V}{\partial x}, \ F_y = -\frac{\partial V}{\partial y}, \ F_z = -\frac{\partial V}{\partial z}, \tag{6.26}$$

という関係が導ける.

例として万有引力を考えよう. 質量がそれぞれ m と M の 2 つの質点に作用する万有引力のポテンシャルエネルギーは万有引力定数を G として,

$$V = -G\frac{mM}{r}, \tag{6.27}$$

である. ここで r は 2 つの質点の間の距離であり, 質量 M の質点を原点におき, 質量 m の質点の位置座標を (x, y, z) とすると, $r = \sqrt{x^2 + y^2 + z^2}$ である. V を座標で偏微分すると,

$$F_x = -\frac{\partial V}{\partial x}$$

$$= -G\frac{mM}{r^2}\frac{\partial r}{\partial x}$$

$$= -GmM\frac{x}{r^3}, \tag{6.28}$$

となる. F_y, F_z についても同様な式が求まり, まとめてベクトルの式で書くと

$$\boldsymbol{F} = -GmM\frac{\boldsymbol{r}}{r^3} \tag{6.29}$$

と, よく知られた形になる.

さて，式 (6.26) から保存力の満たすべき条件が明らかになる．ポテンシャルエネルギーは微分可能な関数であるから，たとえば

$$\frac{\partial F_x}{\partial y} = -\frac{\partial^2 V}{\partial x \partial y}$$
$$= -\frac{\partial^2 V}{\partial y \partial x}$$
$$= \frac{\partial F_y}{\partial x}, \tag{6.30}$$

を満たすことがわかる．同様に保存力は

$$\frac{\partial F_y}{\partial z} = \frac{\partial F_z}{\partial y}, \quad \frac{\partial F_z}{\partial x} = \frac{\partial F_x}{\partial z}, \tag{6.31}$$

を満たさなければならない．実際，式 (6.15) における閉じた経路として，次のような微小な長方形 $(x, y, z) \to (x+\Delta x, y, z) \to (x+\Delta x, y+\Delta y, z) \to (x, y+\Delta y, z) \to (x, y, z)$ を考えると，式 (6.15) より，$\frac{\partial F_x}{\partial y} = \frac{\partial F_y}{\partial x}$ が示される．また，この微小な長方形で式 (6.15) が成り立てば，その積み重ねで一般の有限の大きさの閉じた経路に対しても式 (6.15) が成り立つことが示される．

> **問 6.2** 式 (6.30)，(6.31) を用いて，微小長方形に対して保存力の条件 (6.15) が成り立つことを示せ．
>
> **問 6.3** 単振動運動において力学的エネルギーが保存することを，その一般解を用いて確かめよ．

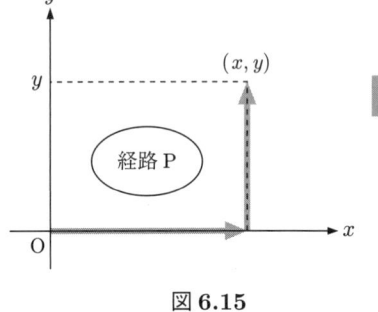

図 6.15

章末問題 6

6.1 xy 平面を運動する質点を考える．この質点に力 $\boldsymbol{F}(x, y) = (axy, x^2 + y^2)$ が働いている．定数 a に対して，この力が保存力となるための条件を求めよ．また点 (x, y) でのポテンシャルエネルギー $V(x, y)$ を図 6.15 を参考にして求めよ．ただし，原点での値をゼロとする．

6.2 バネにつながれ単振動をする質量が m の質点について考える．バネの自然長を基準点としたポテンシャルエネルギーは式 (6.21) で与えられる．

a. 単振動をする質点のもつ力学的エネルギーを $E(>0)$ とする．E と質点の座標 $x(t)$ との関係式を書け．

b. 単振動を $x(t) = A\sin\omega t + x_0$ として，前問で求めた式より角振動数 ω を求めよ．また，振幅 A とエネルギー E の関係を求めよ．

6.3 傾斜角度が $\pi/6$ で動摩擦係数が $\mu' = 0.2$ の斜面の下から，質量が 6 kg の物体を初速度 5 m/s で斜面に沿って投げ上げた．この物体が止まるまでに移動する距離を求めよ．また止まるまでの時間はいくらか？

所にある $q(>0)$ クーロンの電荷は大きさが $\dfrac{1}{4\pi\epsilon_0}\dfrac{qQ}{r^2}$ のクーロン力を外向きに受ける．ここで ϵ_0 は真空の誘電率である．これより位置 r でのポテンシャルエネルギー (静電エネルギー) を求めよ．ただし無限遠 $r=\infty$ のポテンシャルエネルギーをゼロとする．

6.5 水平な床の上に一端を壁に固定したバネがある．もう一方の端に質量が 5 kg の質点を付けた．自然長から 0.1 m だけ伸ばして手を離した．以下の問いに答えよ．ただし，バネ定数を $k=50$ N/m とし，床との摩擦や空気の抵抗を無視できるとする．

a. 最初にバネがもつポテンシャルエネルギーを求めよ．

b. 質点の最大速度はいくらか．

7

角運動量と力のモーメント

この章では質点の回転に関係した運動を考える．このような運動を記述するには角運動量が有用である．まず3次元空間におけるベクトルの外積 (ベクトル積) を導入することから始め，角運動量の時間変化を決める式を導く．その結果，力のモーメントを導入する．

7.1 ベクトルの外積

われわれが日常生活で目にする現象に，ある点を中心とした回転運動がある．太陽を中心とする惑星の運動も回転運動の一種であり，また回転するコマやスケートのスピンも回転運動として理解できる．この章ではそれらの回転運動を考える上でたいへん便利な**角運動量**について学ぶ．

基本的に角運動量は3次元空間で定義されるので，この章ではベクトルは全て3次元ベクトルであるとする．まず，2つの3次元ベクトル $\boldsymbol{A}, \boldsymbol{B}$ に対して**外積 (ベクトル積)** を導入しよう．図7.1に示すように，外積で定義されるベクトル $\boldsymbol{C}$

$$\boldsymbol{C} = \boldsymbol{A} \times \boldsymbol{B} \tag{7.1}$$

は，2つのベクトル $\boldsymbol{A}, \boldsymbol{B}$ と直交し，その向きは右ネジの向きであり，その大きさは $\boldsymbol{A}, \boldsymbol{B}$ が作る平行四辺形の面積に等しい．つまり，$\boldsymbol{A}, \boldsymbol{B}$ のなす角度を θ とすると，

$$|\boldsymbol{C}| = |\boldsymbol{A}||\boldsymbol{B}|\sin\theta \tag{7.2}$$

である．

図 7.1

上の定義より，以下のことが導かれる．

(i) $\boldsymbol{B} \times \boldsymbol{A} = -\boldsymbol{A} \times \boldsymbol{B}$

(ii) $\boldsymbol{A}$ と $\boldsymbol{B}$ が平行 $\Rightarrow \boldsymbol{A} \times \boldsymbol{B} = 0$

(iii) $(c\boldsymbol{A}) \times \boldsymbol{B} = \boldsymbol{A} \times (c\boldsymbol{B}) = c(\boldsymbol{A} \times \boldsymbol{B})$ (c は定数)   (7.3)

また，ベクトルの和と外積に関して分配則が成り立つことが示される，

$$(\boldsymbol{A} + \boldsymbol{B}) \times \boldsymbol{C} = \boldsymbol{A} \times \boldsymbol{C} + \boldsymbol{B} \times \boldsymbol{C} \tag{7.4}$$

3次元直線直交座標を考えよう．その単位ベクトルは $\boldsymbol{e}_x, \boldsymbol{e}_y, \boldsymbol{e}_z$ であり，外積の定義より，

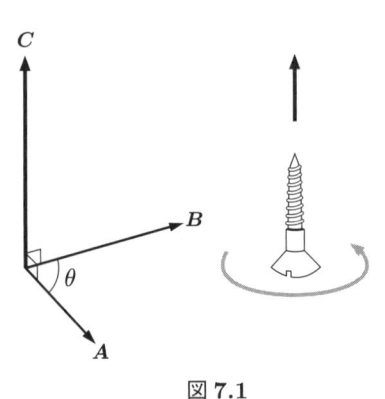

$$\boldsymbol{e}_x \times \boldsymbol{e}_x = \boldsymbol{e}_y \times \boldsymbol{e}_y = \boldsymbol{e}_z \times \boldsymbol{e}_z = 0$$

$$\boldsymbol{e}_x \times \boldsymbol{e}_y = \boldsymbol{e}_z,\ \boldsymbol{e}_y \times \boldsymbol{e}_z = \boldsymbol{e}_x,\ \boldsymbol{e}_z \times \boldsymbol{e}_x = \boldsymbol{e}_y, \tag{7.5}$$

が示される (図 7.2). 分配側 (7.4) を証明するには，たとえば定義からすぐに示される式

$$(a\boldsymbol{e}_x + b\boldsymbol{e}_y) \times \boldsymbol{e}_y = a\boldsymbol{e}_x \times \boldsymbol{e}_y \quad (a, b \text{ は定数}) \tag{7.6}$$

などを繰り返し用いればよい (図 7.3).

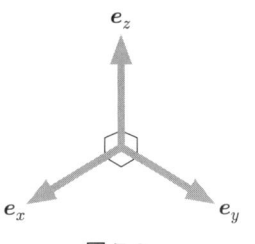

図 7.2

ベクトルの外積は**行列式を用いる**と**成分表示**することができる．まずベクトル $\boldsymbol{A}, \boldsymbol{B}$ の成分表示をしよう，

$$\boldsymbol{A} = A_x \boldsymbol{e}_x + A_y \boldsymbol{e}_y + A_z \boldsymbol{e}_z,$$
$$\boldsymbol{B} = B_x \boldsymbol{e}_x + B_y \boldsymbol{e}_y + B_z \boldsymbol{e}_z. \tag{7.7}$$

この成分表示を用いると外積は，

$$\boldsymbol{A} \times \boldsymbol{B} = \begin{vmatrix} \boldsymbol{e}_x & \boldsymbol{e}_y & \boldsymbol{e}_z \\ A_x & A_y & A_y \\ B_x & B_y & B_z \end{vmatrix} \tag{7.8}$$

となる．実際に上の行列式を計算してみると，

$$\boldsymbol{A} \times \boldsymbol{B} = (A_y B_z - A_z B_y)\boldsymbol{e}_x + (A_z B_x - A_x B_z)\boldsymbol{e}_y + (A_x B_y - A_y B_x)\boldsymbol{e}_z \tag{7.9}$$

となる．この式は分配側 (7.4) と (7.5) を用い $\boldsymbol{A} \times \boldsymbol{B}$ を計算すれば，正しいことが確かめられる．

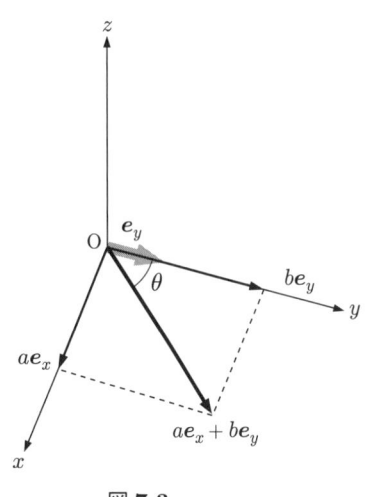

図 7.3

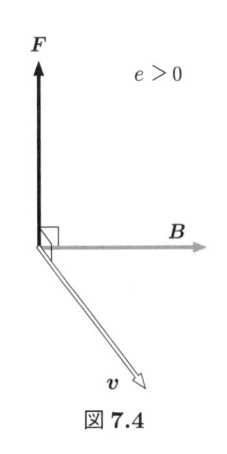

例題 7.1 式 (7.9) を分配側 (7.4) と (7.5) を用いて示せ．

解 具体的に計算を行うと，

$$(A_x \boldsymbol{e}_x + A_y \boldsymbol{e}_y + A_z \boldsymbol{e}_z) \times (B_x \boldsymbol{e}_x + B_y \boldsymbol{e}_y + B_z \boldsymbol{e}_z)$$
$$= (A_x \boldsymbol{e}_x \times B_x \boldsymbol{e}_x) + (A_x \boldsymbol{e}_x \times B_y \boldsymbol{e}_y) + \cdots$$
$$= (A_x B_y - A_y B_x)\boldsymbol{e}_z + \cdots$$

となる．

外積の例として一様磁場中の荷電粒子が受ける力を考える．この力 $\boldsymbol{F}$ はローレンツ力と呼ばれ，荷電粒子の電荷を e, 速度を $\boldsymbol{v}$, 一様磁場の磁束密度を $\boldsymbol{B}$ とすると，

$$\boldsymbol{F} = e\boldsymbol{v} \times \boldsymbol{B}$$

で与えられる (図 7.4).

図 7.4

7.2 角運動量

運動量が直線運動の勢いを表すように，角運動量は質点の回転運動の勢いを表す量である．回転運動であるので，その中心を指定する必要がある．

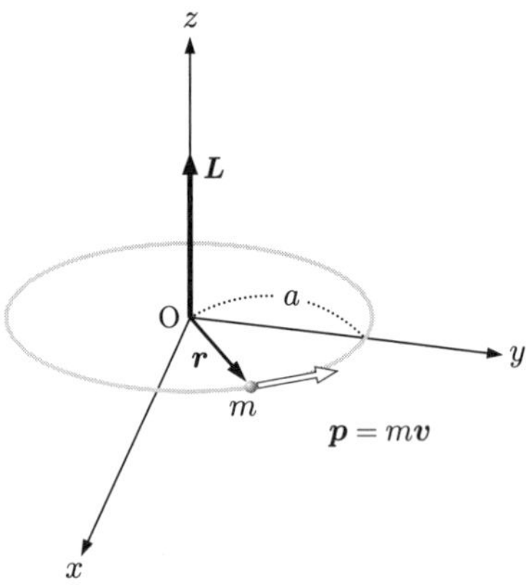

ある点 $\bm{r}_0$ のまわりの角運動量 $\bm{L}$ を定義しよう．前節で導入した外積を用いて，角運動量は

$$\bm{L} = (\bm{r} - \bm{r}_0) \times \bm{p} = m(\bm{r} - \bm{r}_0) \times \frac{\mathrm{d}\bm{r}}{\mathrm{d}t} \tag{7.10}$$

で与えられる．ここで $\bm{r}$ は質点の位置ベクトルである．以下の説明において，簡単のため特に断らない限り $\bm{r}_0$ を座標の原点にとることにする．角運動量の単位は式 (7.10) より，$\mathrm{kg} \cdot \mathrm{m}^2/\mathrm{s}$ である．

回転運動の最も簡単な例である等速円運動について，その角運動量を考えてみよう．図 7.5 に示すように 3 次元空間内の原点を中心に xy 平面内を，質量 m の質点が反時計回りに半径 a，速さ v の等速円運動をしているとしよう．質点が円のどの位置にいても，その角運動量は z 軸の正の方向を向き，その大きさは $|\bm{L}|$ は mva である．

図 7.5

例題 7.2 等速円運動について述べた上の結論を図を用いて確かめよ．

解 図 7.5 において運動量ベクトルを円の中心 (原点) までその始点を移動し，ベクトルの外積の定義を用いることにより示せる．

上の結果を式 (7.8) を用いて計算により確かめてみよう．質点の位置ベクトル $\bm{r}(t)$ を

$$\bm{r}(t) = (a\cos\omega t,\; a\sin\omega t,\; 0) \tag{7.11}$$

とすると，質点の速度 $\bm{v}(t)$ は

$$\bm{v}(t) = \frac{\mathrm{d}\bm{r}(t)}{\mathrm{d}t} = (-a\omega\sin\omega t,\; a\omega\cos\omega t,\; 0) \tag{7.12}$$

である．これより角運動量は

$$\bm{L} = ma^2\omega\bm{e}_z = mva\bm{e}_z \tag{7.13}$$

となる．

例題 7.3 式 (7.13) を外積の行列表示を用いて示せ．

解 行列表示 (7.8) を用いると，

$$\bm{L} = m \begin{vmatrix} \bm{e}_x & \bm{e}_y & \bm{e}_z \\ a\cos\omega t & a\sin\omega t & 0 \\ -a\omega\sin\omega t & a\omega\cos\omega t & 0 \end{vmatrix} = ma^2\omega\bm{e}_z$$

となる．

上の例で見たように，角運動量が一定の運動では，質点は角運動量ベクトルに垂直な平面内を運動することになる．では，角運動量が一定になるのはどのような場合であろうか？ この問題を次節で考える．

7.3 力のモーメント

前節で定義した角運動量の時間変化がどのように決まるかを考えてみよう．この考察から角運動量の保存則が成り立つ条件が求まる．

まず，時間 t に依存した 2 つのベクトル関数 $\boldsymbol{A}(t)$, $\boldsymbol{B}(t)$ を考えよう．外積の式 (7.8) を用いると，次の式を証明することができる，

$$\frac{\mathrm{d}}{\mathrm{d}t}(\boldsymbol{A}(t) \times \boldsymbol{B}(t)) = \frac{\mathrm{d}\boldsymbol{A}(t)}{\mathrm{d}t} \times \boldsymbol{B}(t) + \boldsymbol{A}(t) \times \frac{\mathrm{d}\boldsymbol{B}(t)}{\mathrm{d}t} \tag{7.14}$$

例題 7.4 式 (7.14) を証明せよ．

解 たとえば式 (7.14) の x 成分について考えると，

$$\frac{\mathrm{d}}{\mathrm{d}t}((A_y B_z - A_z B_y)\boldsymbol{e}_x) = (\dot{A}_y B_z - \dot{A}_z B_y)\boldsymbol{e}_x + (A_y \dot{B}_z - A_z \dot{B}_y)\boldsymbol{e}_x$$

であり，式 (7.14) の右辺の x 成分である．ここで記号 $\dot{A}_y = \frac{\mathrm{d}A_y}{\mathrm{d}t}$ などを用いた．

式 (7.14) を用いて角運動量の時間微分を計算してみると，

$$\begin{aligned}\frac{\mathrm{d}\boldsymbol{L}}{\mathrm{d}t} &= \frac{\mathrm{d}}{\mathrm{d}t}\left(\boldsymbol{r} \times m\frac{\mathrm{d}\boldsymbol{r}}{\mathrm{d}t}\right) \\ &= \frac{\mathrm{d}\boldsymbol{r}}{\mathrm{d}t} \times m\frac{\mathrm{d}\boldsymbol{r}}{\mathrm{d}t} + \boldsymbol{r} \times m\frac{\mathrm{d}\boldsymbol{r}}{\mathrm{d}t} \\ &= \boldsymbol{r} \times m\frac{\mathrm{d}^2\boldsymbol{r}}{\mathrm{d}t^2} \\ &= \boldsymbol{r} \times \boldsymbol{F} \end{aligned} \tag{7.15}$$

ここでニュートンの運動方程式と

$$\frac{\mathrm{d}\boldsymbol{r}}{\mathrm{d}t} \times \frac{\mathrm{d}\boldsymbol{r}}{\mathrm{d}t} = 0$$

を使った．式 (7.15) の右辺の量をあらためて

$$\boldsymbol{N} = \boldsymbol{r} \times \boldsymbol{F} \tag{7.16}$$

とおく．$\boldsymbol{N}$ は**力のモーメント**と呼ばれる．

$$\frac{\mathrm{d}\boldsymbol{L}}{\mathrm{d}t} = \boldsymbol{N} \tag{7.17}$$

より，角運動量の時間変化は力のモーメントで与えられることがわかる．

∗∗ 「角運動量の時間変化＝力のモーメント」 ∗∗

式 (7.17) の意味を理解するために，図 7.6 に示したような滑車と滑車に固定された糸を考えよう．はじめに滑車は静止した状態にあり，糸は滑車の上半部に固定されているとする．この状態から右に垂れている糸を下方に引っ張ると，滑車は回転を始める．同じような実験を糸を引く角度を変えながら行うと，引く方向が水平に近づくほど滑車の回転速度は遅くなり，完全に水平に引っ張った場合には回転は起こらない．これは滑車の中心から糸により力を加える点へのベクトル $\boldsymbol{r}$ と加える力 $\boldsymbol{F}$ との向きが完全に平

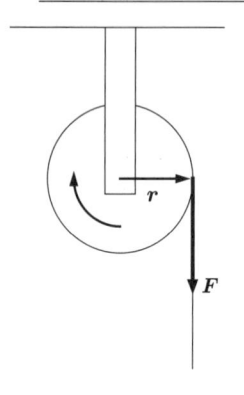

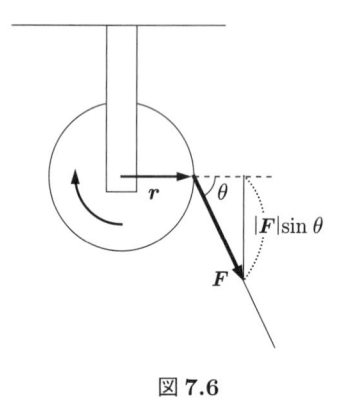

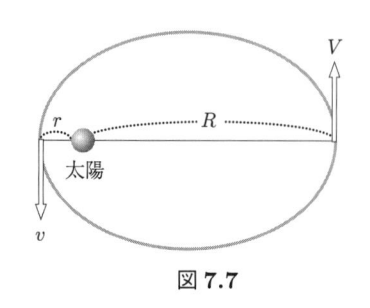

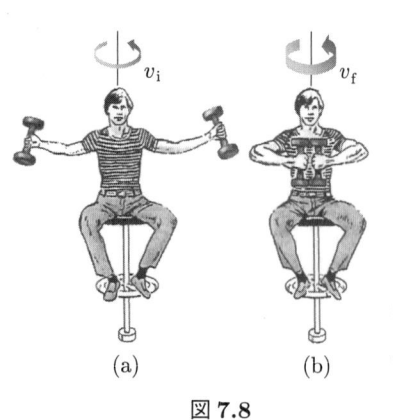

行になり，力のモーメントがゼロになるためである．力 $\boldsymbol{F}$ の鉛直方向成分のみ，滑車の回転に寄与することは，力のモーメントの定義，および図 7.6 から理解できる．

質点に作用する力が常にある一点 (中心) と質点の位置座標を結ぶ直線と平行であるとき，この力を**中心力**と呼ぶ．その一点を原点に取ると，中心力は $\boldsymbol{F} = F(\boldsymbol{r})\boldsymbol{e}_r = F(\boldsymbol{r})\dfrac{\boldsymbol{r}}{r}$ と表される．中心力の場合には，位置ベクトルと力のベクトルが常に平行であるので，質点に作用する力のモーメントはゼロである．

$$\begin{aligned}\boldsymbol{N} &= \boldsymbol{r} \times \boldsymbol{F} \\ &= r\boldsymbol{e}_r \times F\boldsymbol{e}_r \\ &= 0\end{aligned} \quad (7.18)$$

その結果，角運動量は保存され，質点は角運動量ベクトルに垂直な位置ベクトルと速度ベクトルが作る平面内を運動することになる．

「中心力を受けている質点の運動では角運動量は一定である」

具体的な例として，太陽から引力を受けて楕円運動をする彗星について考えよう (図 7.7)．太陽から最も遠い点での太陽からの距離を R，そのときの速度の大きさを V とする．同様に最も近いときの距離を r，速度の大きさを v とする．彗星は太陽からの中心力以外の力を受けていないとすると，角運動量の保存則が成り立ち，関係式 $RV = rv$ が成り立つ．

上の天体の現象と同じ内容を実験室で簡単に経験することができる．図 7.8 に示すように滑らかに回転できる椅子に座った人が両腕に質量 m のダンベルを持ち，速さ v_i でゆっくり回転を始める．このときの腕の長さを L とする．この伸びた腕を静かに縮めていき，長さを l とした．このときのダンベルの回転速度の大きさを v_f とすると，角運動量の保存則より

$$Lv_i = lv_f \quad (7.19)$$

が成り立つ．次にこの過程でのエネルギーの変化を見てみると，式 (7.19) より，ダンベル 1 つにつき

$$\frac{1}{2}mv_f^2 - \frac{1}{2}mv_i^2 = \frac{1}{2}m\left[\left(\frac{L}{l}\right)^2 - 1\right]v_i^2 \quad (7.20)$$

となり，増加していることがわかる．この運動エネルギーの増加は遠心力に逆らって腕のした仕事に他ならない．この腕のした仕事を計算してみると，腕の長さが r，ダンベルの回転速度が v のときの遠心力が

$$\frac{mv^2}{r} = \frac{mL^2v_i^2}{r^3}$$

図 7.6

図 7.7

図 7.8

であるから，

$$-\int_L^l \frac{mL^2 v_i^2}{r^3}\, dr = \frac{1}{2}mL^2 v_i^2\left(\frac{1}{l^2} - \frac{1}{L^2}\right) = \frac{1}{2}m\left[\left(\frac{L}{l}\right)^2 - 1\right]v_i^2 \quad (7.21)$$

と，式 (7.20) と一致することがわかる．

章末問題 7

7.1 コマや自転車は静止をしているときには不安定であるが，動き出すと安定する．この事実を角運動量を用いて説明せよ．

7.2 ヨーヨーが上達するコツを考えよ．

7.3 運動している質点のある点 O のまわりの角運動量 $\boldsymbol{L}$ が一定ならば，この運動がある平面内であることを示せ．

7.4 図 7.9 に示すように，間隔が R の溝の片方の壁に沿って質量が m の物体が落下している．$t=0$ での落下速度をゼロとして，以下の問いに答えよ．

a. 時刻 t のとき物体がもつ点 A に対する角運動量を求めよ．空気の抵抗力は無視できるものとする．

b. 物体に作用する力のモーメントを求めよ．

7.5 50 km/h の速さで半径 110 m のカーブを曲がっている重さ 1000 kg の自動車がもつ角運動量はいくらか？

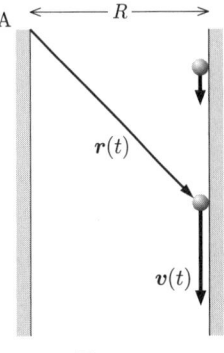

図 7.9

8

極座標による運動方程式：単振り子

これまでの質点の運動に関する議論では，直線直交座標を用いてきたが，特別な問題，特に回転対称性をもつ運動については極座標を使うと便利なときがある．この章では極座標，特に 2 次元極座標について説明して，それを用いて単振り子の運動について調べる．また角運動量と力のモーメントの観点からこの運動を考える．

8.1 極座標

まず，2 次元極座標について考えよう．図 8.1 に示すように 2 次元平面は xy 座標で表され，位置ベクトル $\bm{r}$ は $\bm{r} = x\bm{e}_x + y\bm{e}_y = (x, y)$ と示される．図 8.1 に示すように 2 次元極座標を導入すると，位置ベクトル $\bm{r}$ は原点からの距離 $r = |\bm{r}|$ と x 座標軸との角度 φ を用いて $\bm{r} = (r, \varphi)$ と表される $(0 \leqq \varphi < 2\pi)$．これらの変数の間の関係は，

$$x = r\cos\varphi, \; y = r\sin\varphi \tag{8.1}$$

で与えられる．直線直交座標における単位ベクトル $\bm{e}_x$, $\bm{e}_y$ は一定のベクトルであるが，極座標における単位ベクトル $\bm{e}_r$, $\bm{e}_\varphi$ は位置によってその方向が異なる点に注意する．具体的にこれらのベクトルの間の関係を求めると，図 8.1 より，

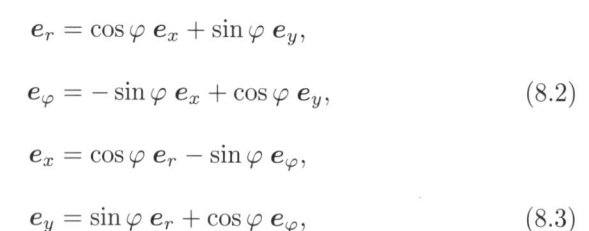

$$\begin{aligned} \bm{e}_r &= \cos\varphi\, \bm{e}_x + \sin\varphi\, \bm{e}_y, \\ \bm{e}_\varphi &= -\sin\varphi\, \bm{e}_x + \cos\varphi\, \bm{e}_y, \end{aligned} \tag{8.2}$$

$$\begin{aligned} \bm{e}_x &= \cos\varphi\, \bm{e}_r - \sin\varphi\, \bm{e}_\varphi, \\ \bm{e}_y &= \sin\varphi\, \bm{e}_r + \cos\varphi\, \bm{e}_\varphi, \end{aligned} \tag{8.3}$$

図 8.1

となる．位置ベクトル $\bm{r}$ が，時間 t とともに変化するとき，式 (8.2) の 2 つの式を用いて極座標の単位ベクトル $\bm{e}_r$, $\bm{e}_\varphi$ の時間微分を計算することができる．

例題 8.1 極座標表示で位置ベクトルが $\bm{r} = (r(t),\, \varphi(t))$ で与えられるとき，単位ベクトル $\bm{e}_r$, $\bm{e}_\varphi$ の時間微分を求めよ．

解 xy 座標での成分表示を行うと $\bm{e}_r = (\cos\varphi, \sin\varphi)$, $\bm{e}_\varphi = (-\sin\varphi, \cos\varphi)$ より，

$$\frac{d\bm{e}_r}{dt} = (-\dot{\varphi}\sin\varphi, \dot{\varphi}\cos\varphi) = \dot{\varphi}\bm{e}_\varphi,$$

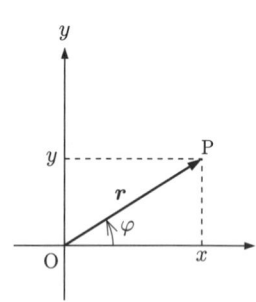

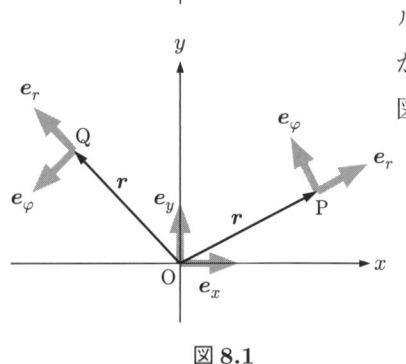

$$\frac{\mathrm{d}\boldsymbol{e}_\varphi}{\mathrm{d}t} = (-\dot\varphi\cos\varphi, -\dot\varphi\sin\varphi) = -\dot\varphi\boldsymbol{e}_r$$

と求まる．ここで，$\dot\varphi = \dfrac{\mathrm{d}\varphi}{\mathrm{d}t}$ である．

3次元極座標も2次元と同じように導入される．原点からの距離 r と z 座標軸からの角度 θ，および x 座標軸からの角度 φ を用いて，位置ベクトルは $\boldsymbol{r} = (r, \theta, \varphi)$ と表される．直線直交座標との関係は，

$$x = r\sin\theta\cos\varphi,\ y = r\sin\theta\sin\varphi,\ z = r\cos\theta, \tag{8.4}$$

となる (図8.2)．

図 **8.2**

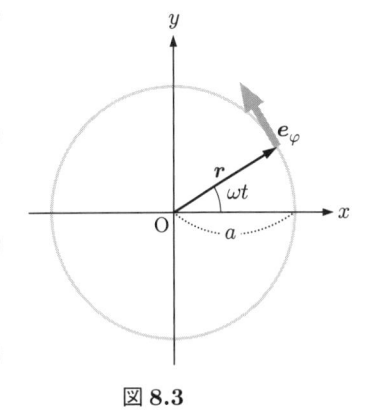

ここで簡単な応用として等速円運動を考えてみよう．第1章で見たように原点を中心とする半径が a の等速円運動は xy 座標を用いて

$$\boldsymbol{r}(t) = (a\cos\omega t,\ a\sin\omega t) \tag{8.5}$$

で与えられる．また，速度 $\boldsymbol{v}(t)$ は $\boldsymbol{r}(t)$ を微分して

$$\boldsymbol{v}(t) = \frac{\mathrm{d}\boldsymbol{r}}{\mathrm{d}t} = (-a\omega\sin\omega t,\ a\omega\cos\omega t) \tag{8.6}$$

となる．一方，式 (8.3) の第2式を成分表示で表すと

$$\boldsymbol{e}_\varphi = (-\sin\varphi, \cos\varphi) \tag{8.7}$$

であり，位置ベクトルが (8.5) で与えられることから

$$\boldsymbol{v} = a\omega\,\boldsymbol{e}_\varphi \tag{8.8}$$

であることがわかる (図8.3を参照)．

図 **8.3**

8.2 2次元極座標での運動方程式

この節では2次元極座標表示での運動方程式を導こう．前節で求めたように極座標の単位ベクトル $\boldsymbol{e}_r,\ \boldsymbol{e}_\varphi$ の時間微分は

$$\frac{\mathrm{d}\boldsymbol{e}_r}{\mathrm{d}t} = \frac{\mathrm{d}\varphi}{\mathrm{d}t}\boldsymbol{e}_\varphi,\quad \frac{\mathrm{d}\boldsymbol{e}_\varphi}{\mathrm{d}t} = -\frac{\mathrm{d}\varphi}{\mathrm{d}t}\boldsymbol{e}_r \tag{8.9}$$

である．また，

$$\frac{\mathrm{d}\boldsymbol{r}}{\mathrm{d}t} = \frac{\mathrm{d}r}{\mathrm{d}t}\boldsymbol{e}_r + r\frac{\mathrm{d}\boldsymbol{e}_r}{\mathrm{d}t} \tag{8.10}$$

より，

$$\frac{\mathrm{d}\boldsymbol{r}}{\mathrm{d}t} = \frac{\mathrm{d}r}{\mathrm{d}t}\boldsymbol{e}_r + r\frac{\mathrm{d}\varphi}{\mathrm{d}t}\boldsymbol{e}_\varphi \tag{8.11}$$

となる．さらに式 (8.11) を時間 t で微分し，加速度を求めると，

$$\frac{\mathrm{d}^2\boldsymbol{r}}{\mathrm{d}t^2} = \frac{\mathrm{d}^2 r}{\mathrm{d}t^2}\boldsymbol{e}_r + \frac{\mathrm{d}r}{\mathrm{d}t}\frac{\mathrm{d}\boldsymbol{e}_r}{\mathrm{d}t} + \frac{\mathrm{d}}{\mathrm{d}t}\left(r\frac{\mathrm{d}\varphi}{\mathrm{d}t}\right)\boldsymbol{e}_\varphi + r\frac{\mathrm{d}\varphi}{\mathrm{d}t}\frac{\mathrm{d}\boldsymbol{e}_\varphi}{\mathrm{d}t}$$

$$= \left(\frac{\mathrm{d}^2 r}{\mathrm{d}t^2} - r\left(\frac{\mathrm{d}\varphi}{\mathrm{d}t}\right)^2\right)\boldsymbol{e}_r + \left(r\frac{\mathrm{d}^2\varphi}{\mathrm{d}t^2} + 2\frac{\mathrm{d}r}{\mathrm{d}t}\frac{\mathrm{d}\varphi}{\mathrm{d}t}\right)\boldsymbol{e}_\varphi \tag{8.12}$$

となる．これより運動方程式は極座標の成分表示で，

$$m\left(\frac{\mathrm{d}^2r}{\mathrm{d}t^2} - r\left(\frac{\mathrm{d}\varphi}{\mathrm{d}t}\right)^2\right) = F_r,$$

$$m\left(r\frac{\mathrm{d}^2\varphi}{\mathrm{d}t^2} + 2\frac{\mathrm{d}r}{\mathrm{d}t}\frac{\mathrm{d}\varphi}{\mathrm{d}t}\right) = F_\varphi \tag{8.13}$$

となる．

8.3 単振り子

ここで極座標を用いて運動方程式を解く例として，図 8.4 のように天井から長さが l のひもで結ばれた質量が m の質点の運動を考えよう．このような系を単振り子と呼ぶ．質点に作用する力は**重力とひもの張力**である．ひもが天井に接している点を原点とし，2 次元極座標を導入しよう．鉛直下方向から測ったひもの角度を φ とし，右側 (左側) に触れているとき $\varphi > 0 (\varphi < 0)$ とする[1]．また $r = l =$ 一定であり，図 8.4 から重力の角度方向成分が質点の運動を支配していることがわかる．これより**極座標の角度方向の運動のみを考えればよいことになる**．角度方向の速度 v は $v = l\dfrac{\mathrm{d}\varphi}{\mathrm{d}t}$ で与えられるので，その加速度 a は $a = l\dfrac{\mathrm{d}^2\varphi}{\mathrm{d}t^2}$ である．式 (8.13) の第 2 式より角度方向の運動方程式は

$$ml\frac{\mathrm{d}^2\varphi}{\mathrm{d}t^2} = -mg\sin\varphi, \tag{8.14}$$

となる．ここで左辺のマイナス符号は重力が質点を鉛直方向に戻す方向に作用していることに対応している．方程式 (8.14) は空間 1 次元の運動の方程式と見ることもでき，さらに右辺の力 $-mg\sin\varphi$ が座標 φ にのみ依存しているので，第 6 章で行った保存力についての説明により，単振り子の系では力学的エネルギーの保存則が成り立つことになる．一方，張力を S とすると，動径方向の運動方程式は，式 (8.13) の第 1 式より

$$-ml\left(\frac{\mathrm{d}\varphi}{\mathrm{d}t}\right)^2 = -S + mg\cos\varphi \tag{8.15}$$

であり，書き換えると

$$S = mg\cos\varphi + ml\left(\frac{\mathrm{d}\varphi}{\mathrm{d}t}\right)^2 \tag{8.16}$$

となる．第 2 項は第 13 章で学ぶ遠心力の効果であると理解される．

例題 8.2 φ 方向の速度が $v = l\dfrac{\mathrm{d}\varphi}{\mathrm{d}t}$ で与えられることを示せ．

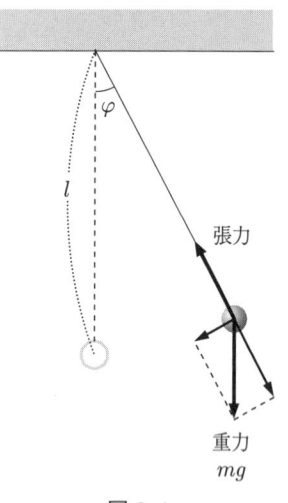

図 8.4

---

[1] ここでは，φ の変域を $-\pi < \varphi \leqq \pi$ とする．

解 式 (8.11) と $\bm{e}_\varphi$ の内積をとり，$r=l$ とおくと，
$$v = \frac{\mathrm{d}\bm{r}}{\mathrm{d}t}\cdot \bm{e}_\varphi = l\frac{\mathrm{d}\varphi}{\mathrm{d}t}$$
となる．

運動方程式 (8.14) は非線形方程式であり，そのまま解くことは難しい．

例題 8.3 運動方程式 (8.14) が非線形方程式であることを確かめよ．

解 線形であるとは 2 つの解 φ_1, φ_2 があるとき，その線形結合 $C_1\varphi_1 + C_2\varphi_2$ (C_1, C_2 は定数) も解であることである．方程式 (8.14) の左辺は
$$\frac{\mathrm{d}^2}{\mathrm{d}t^2}(C_1\varphi_1 + C_2\varphi_2) = C_1\frac{\mathrm{d}^2\varphi_1}{\mathrm{d}t^2} + C_2\frac{\mathrm{d}^2\varphi_2}{\mathrm{d}t^2}$$
より線形であるが．一方，右辺は
$$\sin(C_1\varphi_1 + C_2\varphi_2) \neq C_1\sin\varphi_1 + C_2\sin\varphi_2$$
なので，$C_1\varphi_1 + C_2\varphi_2$ は解ではない．

ここでは，振れ角 φ が十分小さく $\sin\varphi \sim \varphi$ と近似できる場合を考えよう．この近似を使うと方程式 (8.14) は
$$\frac{\mathrm{d}^2\varphi}{\mathrm{d}t^2} = -\frac{g}{l}\varphi, \tag{8.17}$$
となる．この方程式は線形であり，第 4 章に出てきた単振動方程式と同じ構造をしている．したがって，その解は三角関数で表され，一般解は
$$\varphi(t) = A\sin\omega t + B\cos\omega t = C\sin(\omega t + \theta_0), \tag{8.18}$$
の形をしている．ここで A, B, C, θ_0 は任意の定数である (積分定数)．

解 (8.18) を方程式 (8.17) へ代入して，角振動数 ω を決定しよう．
$$\frac{\mathrm{d}^2\varphi(t)}{\mathrm{d}t^2} = -\omega^2\varphi(t)$$
より，$\omega = \sqrt{\dfrac{g}{l}}$ と決まる．したがって，振動の周期 $T = \dfrac{2\pi}{\omega}$ は振幅 C によらず，ひもの長さ l のみによる．

例題 8.4 初期条件，$\varphi(0) = 0$, $\dfrac{\mathrm{d}\varphi(0)}{\mathrm{d}t} = \dfrac{v_0}{l}$ を満たす解を求めよ．

解 解 (8.18) に初期条件をかすと，
$$\varphi(0) = C\sin\theta_0 = 0, \quad \frac{\mathrm{d}\varphi(0)}{\mathrm{d}t} = C\omega\cos\theta_0 = \frac{v_0}{l}$$
より，$\theta_0 = 0$, $C = \dfrac{v_0}{\omega l} = \dfrac{v_0}{\sqrt{lg}}$ となる．

8.4 力学的エネルギーの保存と角運動量

ここで解が求まったので，単振り子の運動において力学的エネルギーが保存されていることを確かめよう．まず運動エネルギー T は

$$\begin{aligned}
T &= \frac{1}{2}mv^2 \\
&= \frac{1}{2}m\left(l\frac{d\varphi}{dt}\right)^2 \\
&= \frac{1}{2}ml^2 C^2 \omega^2 \cos^2(\omega t + \theta_0) \\
&= \frac{1}{2}mglC^2 \cos^2(\omega t + \theta_0)
\end{aligned} \tag{8.19}$$

一方，ポテンシャルエネルギー V は $\varphi = 0$ を基準点として，

$$\begin{aligned}
V &= mgl(1 - \cos\varphi) \\
&\sim \frac{1}{2}mgl\varphi^2 \\
&= \frac{1}{2}mglC^2 \sin^2(\omega t + \theta_0),
\end{aligned} \tag{8.20}$$

となる．ここで $\varphi \ll 1$ より，$1 - \cos\varphi = 2\sin^2\frac{\varphi}{2} \sim \frac{\varphi^2}{2}$ とした．式 (8.19)，(8.20) より T, V それぞれは時間 t とともに変化するが，その和は

$$T + V = \frac{1}{2}mglC^2, \tag{8.21}$$

と時間によらず一定であることが示せた．

最後に第 7 章で説明した角運動量と力のモーメントの関係を，この単振り子の例で見てみよう．図 8.5 の紙面の裏から手前方向を z 軸とすると，単振り子のもつ角運動量は z 成分のみで，

$$L_z = mlv = ml^2\frac{d\varphi}{dt} \tag{8.22}$$

となる．ここで 8.3 節の例題 8.2 の結果を用いた．式 (8.22) の時間変化をみてみよう，

$$\begin{aligned}
\frac{dL_z}{dt} &= ml^2\frac{d^2\varphi}{dt^2} \\
&= -mlg\sin\varphi \\
&= -l(mg)\sin\varphi
\end{aligned} \tag{8.23}$$

ここで運動方程式 (8.14) を用いた．式 (8.23) の右辺は確かに力のモーメント $\boldsymbol{N} = \boldsymbol{r} \times \boldsymbol{F}$ の z 成分になっている．

例題 8.5 $\boldsymbol{N} = \boldsymbol{r} \times \boldsymbol{F}$ の z 成分が $-l(mg)\sin\varphi$ であることを示せ．

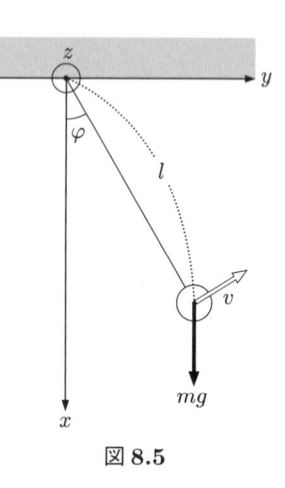

解 力のモーメントを具体的に計算してみる．

$$\boldsymbol{r} = l(\cos\varphi \boldsymbol{e}_x + \sin\varphi \boldsymbol{e}_y), \quad \boldsymbol{F} = mg\boldsymbol{e}_x.$$

図 8.5

これより,
$$\boldsymbol{r} \times \boldsymbol{F} = l(mg)\sin\varphi \boldsymbol{e}_y \times \boldsymbol{e}_x = -l(mg)\sin\varphi \boldsymbol{e}_z$$
となる.

章末問題 8

8.1 月の表面の重力加速度は地球表面の $\dfrac{1}{6}$ である．このとき，単振り子の周期はどうなるか？

8.2 式 (8.16) で与えられる張力 S を運動エネルギー T と位置エネルギー V を用いて表せ．単振動の解が $\varphi(t) = C\sin(\omega t + \theta_0)$ で与えられるときに，S を求めよ．

8.3 ひもの長さが変化する単振り子を考える．質点が最も低い位置でひもの長さが l より ϵ 縮み，振れ角が最大のとき ϵ 伸びて l に戻る．このとき質点の振れはどのようになるか？

8.4 角度方向の空気の抵抗力を $Rv = Rl\dfrac{\mathrm{d}\varphi}{\mathrm{d}t}$ とする．ここで R は定数である．この抵抗力が作用するときの運動方程式とその解について考察せよ (図 8.6 参照).

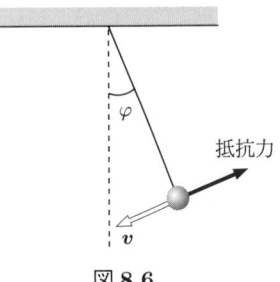

図 8.6

8.5 図 8.7 に示すように，水平におかれた滑らかな板に小さな穴をあけ，そこに糸を通した．板の上面にある糸の端に質量 m の物体を付け，もう一方の板の下にある糸の端には質量が M の物体を付け，穴から鉛直下方にたらした．質量 m の物体を穴から距離 r_0 の板の上面に置き，糸を張った状態で糸と垂直に初速度 v_0 で動かした．以下の問いに答えよ．

a. 糸の張力を S として，質量 M の物体の運動方程式を書け．ただし，この物体の鉛直下方の座標を z とする．

b. 質量 m の物体の動径方向 (r 方向) の運動方程式を書け．

c. 物体の運動について考察せよ．

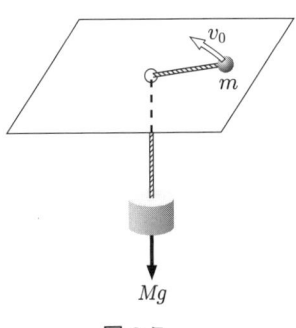

図 8.7

9

中心力による運動：惑星の運動と万有引力

この章では第8章で学んだ極座標表示，および第7章で学んだ角運動量を用いて中心力を受けている質点の運動，特に太陽系の惑星の運動について学ぶ．

9.1　面積速度一定の法則

この章では太陽系の惑星の運動のように，**中心力**を受けて運動している質点について学ぶことにする．中心力とはその名前が示すように，常に空間内の一点に向かって作用する力をいう．その一点を原点とすると，中心力 $\boldsymbol{F}$ は $\boldsymbol{F} = F(r)\boldsymbol{e}_r$ と書かれる．ここで $\boldsymbol{e}_r$ は極座標での動径方向の単位ベクトルである．

第7章で学んだように，原点まわりの角運動量 $\boldsymbol{L}$ の時間変化は力のモーメント $\boldsymbol{N} = \boldsymbol{r} \times \boldsymbol{F}$ で与えられる．

$$\frac{\mathrm{d}\boldsymbol{L}}{\mathrm{d}t} = \boldsymbol{N} = \boldsymbol{r} \times \boldsymbol{F} \tag{9.1}$$

この式に $\boldsymbol{F} = F(r)\boldsymbol{e}_r$ を代入すると，$\boldsymbol{r} \propto \boldsymbol{e}_r$ であることから中心力による**力のモーメントは常にゼロ**であり，**角運動量 $\boldsymbol{L}$ は保存される**ことがわかる．図 9.1 より明らかなように，質点は $\boldsymbol{L}$ に垂直で $\boldsymbol{r}$ と速度 $\boldsymbol{v}$ を含む平面内を運動することになる．

中心力を受けながら運動する質点が，単位時間内に掃く面積を**面積速度**という．質点が運動する平面に極座標 (r, φ) を導入すると，面積速度 $\dfrac{\mathrm{d}S}{\mathrm{d}t}$ は図 9.2 より

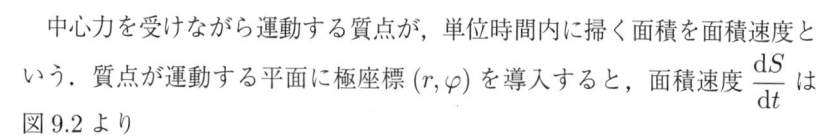

$$\frac{\mathrm{d}S}{\mathrm{d}t} = \frac{1}{2}r^2\frac{\mathrm{d}\varphi}{\mathrm{d}t} \tag{9.2}$$

で与えられる．ベクトルの外積を用いると，

$$\frac{\mathrm{d}S}{\mathrm{d}t} = \frac{1}{2}|\boldsymbol{r} \times \boldsymbol{v}| = \frac{1}{2m}|\boldsymbol{r} \times \boldsymbol{p}| = \frac{1}{2m}|\boldsymbol{L}| \tag{9.3}$$

となり，面積速度は一定であることが導かれる．ここで $r^2\dfrac{\mathrm{d}\varphi}{\mathrm{d}t}$ が時間に寄らず一定であることは，第8章で学んだ極座標による運動方程式

$$m\left(r\frac{\mathrm{d}^2\varphi}{\mathrm{d}t^2} + 2\frac{\mathrm{d}r}{\mathrm{d}t}\frac{\mathrm{d}\varphi}{\mathrm{d}t}\right) = F_\varphi \tag{9.4}$$

に $F_\varphi = 0$ を代入することにより，直接得られることに注意しよう．惑星に関する面積速度一定の法則を図 9.3 に示す．

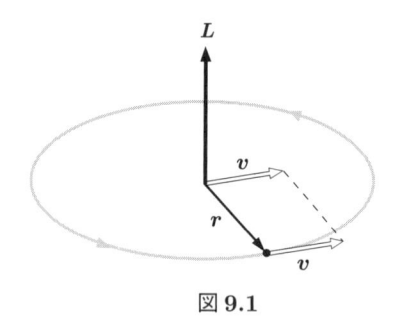

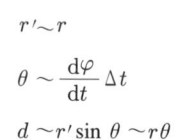

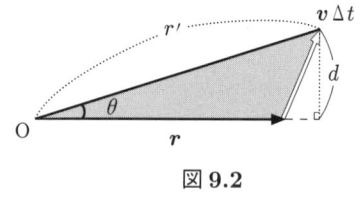

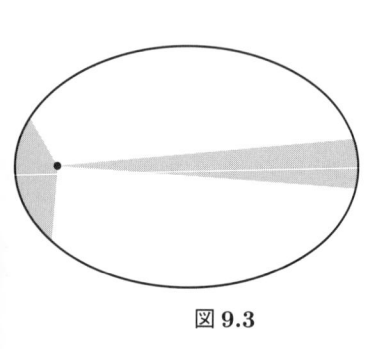

例題 9.1 面積速度が式 (9.2), 式 (9.3) で与えられることを示せ.

解 第 8 章の極座標表示で速度ベクトルが

$$\boldsymbol{v} = \frac{d\boldsymbol{r}}{dt} = \frac{dr}{dt}\boldsymbol{e}_r + r\frac{d\varphi}{dt}\boldsymbol{e}_\varphi$$

で与えられることと図 9.2 より, 時間 Δt 間に惑星が掃く面積は底辺が r, 高さが $r\dfrac{d\varphi}{dt}\Delta t$ の三角形であることから $\dfrac{1}{2}r^2\dfrac{d\varphi}{dt}\Delta t$ となる. また, 上式と $\boldsymbol{r} = r\boldsymbol{e}_r$ より, 外積の定義より式 (9.3) が導かれる. ∎

例題 9.2 中心力では, 式 (9.4) より $r^2\dfrac{d\varphi}{dt}$ が時間によらず一定であることを示せ.

解 式 (9.4) で $F_\varphi = 0$ と置いて,

$$r\frac{d^2\varphi}{dt^2} + 2\frac{dr}{dt}\frac{d\varphi}{dt} = 0$$

この式に r を掛けて変形すると,

$$\frac{d}{dt}\left(r^2\frac{d\varphi}{dt}\right) = 0$$

より示せる. ∎

9.2 ケプラーの法則と万有引力

天文学者ティコ・ブラーエの惑星に関する精密な測定結果より, ケプラーは惑星の運動に関する法則を見出した. その内の第 2 法則は, 前節で見た面積速度一定の法則である. これは, 惑星が太陽からの引力を受けて運動していることを示している. また第 1 法則は, 惑星が太陽を 1 つの焦点とする楕円軌道を描くというものである. この節ではニュートンが行ったように, 上の第 1 法則より万有引力の性質を導いてみよう.

図 9.4 のように長円半径が a である楕円の中心を原点とする 2 次元 xy 座標を導入する. 焦点 A, B の座標をそれぞれ $(\epsilon a, 0)$, $(-\epsilon a, 0)$ とする. 太陽は焦点 A に位置するとする. ここで $\epsilon < 1$ は離心率と呼ばれる量であり, $\epsilon = 0$ が円に対応することは明らかであろう. 楕円上の点は 2 つの焦点 A, B からの距離の和が一定である点である. 図 9.4 のように焦点 A を原点とする極座標 (r, φ) を導入する. 点 P の座標は元の xy 座標では $(\epsilon a + r\cos\varphi, r\sin\varphi)$ となる. これよりもう 1 つの焦点 B からの距離 r' は

$$\begin{aligned} r' &= \sqrt{\{\epsilon a + r\cos\varphi - (-\epsilon a)\}^2 + (r\sin\varphi)^2} \\ &= \sqrt{(2\epsilon a)^2 + r^2 + 4\epsilon a r\cos\varphi} \end{aligned} \tag{9.5}$$

と求まる. 以上の式より, 楕円の満たす方程式は

$$r + \sqrt{(2\epsilon a)^2 + r^2 + 4\epsilon a r\cos\varphi} = a - \epsilon a + a + \epsilon a = 2a \tag{9.6}$$

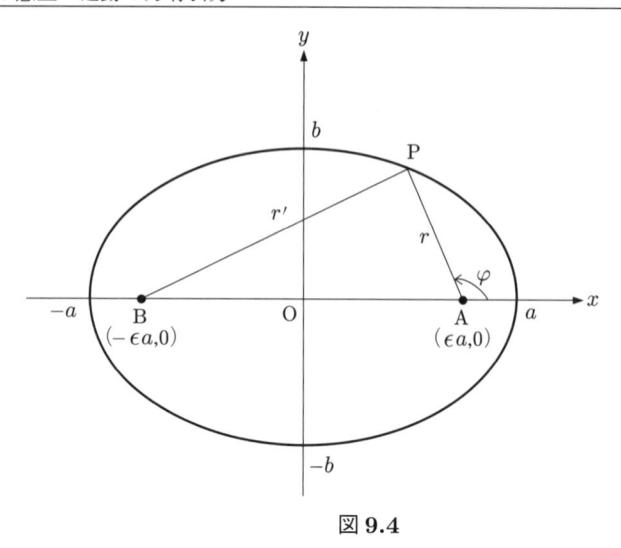

図 9.4

となる．式 (9.6) を変形すると，以下の式が得られる．
$$(1+\epsilon\cos\varphi)r = a - \epsilon^2 a \tag{9.7}$$

式 (9.7) の右辺の量 $a - \epsilon^2 a = s$ は半直弦と呼ばれ $\varphi = \dfrac{\pi}{2}$ のときの r の値である (図 9.4 を参照)．式 (9.7) は惑星の原点からの距離 r と点 A での x 軸からの角度 φ を関係付けているので，惑星の軌道を与える式であることに注意しよう．

例題 9.3 式 (9.6) から (9.7) を導け．

解 式 (9.6) から
$$(2\epsilon a)^2 + r^2 + 4\epsilon ar\cos\varphi = (2a-r)^2 = 4a^2 - 4ar + r^2$$
上式をさらに変形して r を含む項と含まない項に分けると，
$$(4\epsilon a\cos\varphi)r + 4ar = -(2\epsilon)^2 a^2 + 4a^2$$
これより (9.7) が導かれる．

式 (9.7) を時間 t で微分すると，
$$\frac{dr}{dt} = \frac{s\epsilon\sin\varphi}{(1+\epsilon\cos\varphi)^2}\frac{d\varphi}{dt} = \frac{r^2}{s}\epsilon\sin\varphi\frac{d\varphi}{dt}$$
となる．ここで楕円を表す式 (9.7) を用いた．

前節で学んだように面積速度は一定であるから，面積速度の 2 倍を w とおくと，$w = 2\dfrac{dS}{dt} = r^2\dfrac{d\varphi}{dt}$ は時間によらない定数である．w を使うと，$\dfrac{dr}{dt} = \dfrac{w}{s}\epsilon\sin\varphi$ となり，さらにこの両辺を t で微分して再び楕円の式 (9.7) を用いると，
$$\frac{d^2r}{dt^2} = \frac{w\epsilon}{s}\frac{d\varphi}{dt}\cos\varphi = \frac{w^2\epsilon\cos\varphi}{sr^2} = w^2\left(\frac{1}{r^3} - \frac{1}{sr^2}\right) \tag{9.8}$$
となる．

ここで 2 次元極座標で書かれた運動方程式を思い出そう．特に動径方向の運動方程式は

$$m\left\{\frac{\mathrm{d}^2 r}{\mathrm{d}t^2} - r\left(\frac{\mathrm{d}\varphi}{\mathrm{d}t}\right)^2\right\} = F_r \tag{9.9}$$

である．ここで式 (9.9) の左辺第 2 項は，回転による遠心力の効果を表している．$w = r^2 \dfrac{\mathrm{d}\varphi}{\mathrm{d}t}$ と，式 (9.8) を使うと，r 方向の力は

$$F_r = mw^2\left(\frac{1}{r^3} - \frac{1}{sr^2}\right) - m\frac{w^2}{r^3}$$

$$= -m\frac{w^2}{s}\frac{1}{r^2} \tag{9.10}$$

となり，惑星が太陽から受ける力が 2 つの天体間の距離 r の 2 乗に反比例する引力であることが導かれた．

例題 9.4 式 (9.10) を導け．

解 $w = r^2 \dfrac{\mathrm{d}\varphi}{\mathrm{d}t}$ と，式 (9.8) より

$$\frac{F_r}{m} = w^2\left(\frac{1}{r^3} - \frac{1}{sr^2}\right) - r\left(\frac{w}{r^2}\right) = -\frac{w^2}{s}\frac{1}{r^2}$$

となる．

9.3 万有引力による運動：エネルギー保存則と軌跡

前節では惑星が楕円軌道を描くことから万有引力の法則が導かれることを見た．この節では万有引力から惑星が楕円軌道を描くことを示そう．手始めに力学的エネルギーの保存則が成り立つことを示す．

第 6 章で見たように万有引力のポテンシャルエネルギーは質量が m と M の質点の間の距離を r とすると，

$$V(r) = -G\frac{mM}{r}$$

で与えられる．このとき引力は動径方向成分のみで，

$$\boldsymbol{F} = -\frac{\mathrm{d}V}{\mathrm{d}r}\boldsymbol{e}_r = F_r \boldsymbol{e}_r \tag{9.11}$$

となる．このように中心力が中心からの距離のみに依存するときには，その力は動径成分しかなく，ポテンシャルの r 微分で与えられる．

第 8 章で学んだ極座標表示による運動方程式のうち，動径成分を考えてみよう．

$$m\left(\frac{\mathrm{d}^2 r}{\mathrm{d}t^2} - r\left(\frac{\mathrm{d}\varphi}{\mathrm{d}t}\right)^2\right) = F_r = -\frac{\mathrm{d}V}{\mathrm{d}r} \tag{9.12}$$

ここで $w = r^2 \dfrac{\mathrm{d}\varphi}{\mathrm{d}r}$ を用いると，運動方程式 (9.12) は

$$m\left(\frac{\mathrm{d}^2 r}{\mathrm{d}t^2} - \frac{w^2}{r^3}\right) = -\frac{\mathrm{d}V}{\mathrm{d}r} \tag{9.13}$$

となる．ここで式 (9.13) の両辺に $\dfrac{\mathrm{d}r}{\mathrm{d}t}$ を掛けると，

$$m\left(\frac{\mathrm{d}r}{\mathrm{d}t}\frac{\mathrm{d}^2 r}{\mathrm{d}t^2} - \frac{\mathrm{d}r}{\mathrm{d}t}\frac{w^2}{r^3}\right) = -\frac{\mathrm{d}r}{\mathrm{d}t}\frac{\mathrm{d}V}{\mathrm{d}r} \tag{9.14}$$

となり，これより次式が得られる，

$$\frac{m}{2}\frac{\mathrm{d}}{\mathrm{d}t}\left[\left(\frac{\mathrm{d}r}{\mathrm{d}t}\right)^2 + \frac{w^2}{r^2}\right] + \frac{\mathrm{d}V(r(t))}{\mathrm{d}t} = 0 \tag{9.15}$$

$w = rv_\varphi$ であることを思い出すと，式 (9.15) はエネルギー保存の式であることがわかる．

$$E = \frac{m}{2}\left[\left(\frac{\mathrm{d}r}{\mathrm{d}t}\right)^2 + \frac{w^2}{r^2}\right] + V(r) = 一定 \tag{9.16}$$

次にポテンシャルエネルギーに具体的な式 $V(r) = -\dfrac{GmM}{r}$ を代入して，惑星の軌道が楕円の式 (9.7) で与えられることを示す．そのためにまず，

$$\frac{\mathrm{d}r}{\mathrm{d}t} = \frac{\mathrm{d}r}{\mathrm{d}\varphi}\frac{\mathrm{d}\varphi}{\mathrm{d}t} = \frac{\mathrm{d}r}{\mathrm{d}\varphi}\frac{w}{r^2} \tag{9.17}$$

であり，さらに変数 $X = \dfrac{1}{r}$ を導入すると，

$$\frac{\mathrm{d}r}{\mathrm{d}t} = -\frac{\mathrm{d}X}{\mathrm{d}\varphi}w$$

であり，式 (9.16) は

$$E = \frac{mw^2}{2}\left[\left(\frac{\mathrm{d}X}{\mathrm{d}\varphi}\right)^2 + X^2\right] - GmMX = 一定 \tag{9.18}$$

となる．

エネルギーの式 (9.18) を変形して

$$E = \frac{mw^2}{2}\left(\frac{\mathrm{d}X}{\mathrm{d}\varphi}\right)^2 + \frac{mw^2}{2}X^2 - GmMX$$

$$= \frac{mw^2}{2}\left(\frac{\mathrm{d}X}{\mathrm{d}\varphi}\right)^2 + \frac{mw^2}{2}\left(X - \frac{GM}{w^2}\right)^2 - \frac{G^2 mM^2}{2w^2} \tag{9.19}$$

が導かれる．ここで式 (9.19) において φ を時間 t，X を座標 x と見なすと，E は第 4 章，第 6 章で学んだ単振動方程式のエネルギーと同じ形をしていることに気がつく．また $\dfrac{GM}{w^2}$ はバネの自然長に対応している．これより X と φ の関係は積分定数を A, φ_0 として

$$X = A\cos(\varphi - \varphi_0) + \frac{GM}{w^2},$$

$$r = \frac{\frac{w^2}{GM}}{1 + A'\cos(\varphi - \varphi_0)}, \quad A' = \frac{w^2 A}{GM} \tag{9.20}$$

と求まる．式 (9.20) は $\varphi_0 = 0$ とおけば，$A' < 1$ のとき確かに楕円の式 (9.7) に他ならない．

9.4 ケプラーの第3法則

この節では最後にケプラーの第3法則を導く．第3法則は，惑星の楕円運動の長軸半径 a と周期 T との関係について述べたのもである．周期 T は楕円の面積 $S = \pi ab$ を面積速度 $\dfrac{w}{2}$ で割ることにより得られる．そこでまず短軸半径 b を決めよう．図 9.5 より

$$-r_b \cos\varphi_b = \epsilon a \tag{9.21}$$

であり，

$$b = r_b \sin\varphi_b = \sqrt{r_b{}^2 - (\epsilon a)^2} \tag{9.22}$$

となる．一方，楕円の軌道方程式 (9.7) より

図 9.5

$$r_b = \frac{s}{1 + \epsilon\cos\varphi_b} = \frac{s}{1 - \frac{\epsilon^2 a}{r_b}} \tag{9.23}$$

を解いて，

$$r_b = s + \epsilon^2 a = a \tag{9.24}$$

なので，これを式 (9.22) に代入すると

$$b = \frac{s}{\sqrt{1 - \epsilon^2}} \tag{9.25}$$

と求まる．

また，式 (9.10) に万有引力 $F_r = -\dfrac{GmM}{r^2}$ を代入すると，

$$w^2 = sGM$$

と求まり，これより周期 T は

$$T = \frac{2\pi ab}{w} = \frac{2\pi a^{3/2}}{\sqrt{GM}} \tag{9.26}$$

であり，これより

$$\frac{T^2}{a^3} = \frac{4\pi^2}{GM} \tag{9.27}$$

と，惑星の軌道によらない定数となる．これがケプラーの第3法則である．

章末問題 9

9.1 離心率 ϵ が $\epsilon = 0$ のとき，楕円運動は円運動となる．

a. このとき円運動が等速運動となることを示せ．

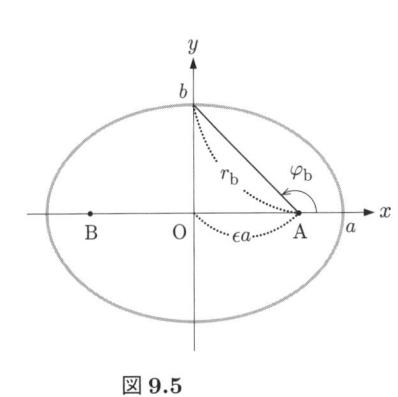

b. 地球の地表近くを円運動する質量が m の人工衛星の動径方向の運動方程式を書け．

c. この人工衛星の速度 v と地球を1周する周期 T を求めよ．ただし，地上での重力加速をを $g = 9.8\,\mathrm{m/s^2}$．地球の質量を M (kg)，その半径を $R = 6400\,\mathrm{km}$ とする．

9.2 地球から見て赤道上方に静止している質量が m の人工衛星は地球の自転と同じ角速度で回っている．この人工衛星 (静止衛星と呼ばれる) の地上からの距離 h と速度 V を求めよ．

10

質点の多体系：重心と相対座標

これまでは外力が作用している 1 つの質点について考えてきた．この章では互いに相互作用している複数の質点を考える．まず 2 体系では，作用反作用の法則により，重心座標と相対座標の運動方程式を導き，全角運動量の満たす方程式よりつりあいの条件を導く．さらにこれらの考察を一般の n 体系に拡張する．

10.1 2 体系：作用反作用の法則

この節では互いに相互作用している 2 つの質点を考えよう．それらの質点の質量を m_1, m_2 とし，位置座標を r_1, r_2 とする．それぞれの質点には外力 F_1, F_2 が作用しているが，それ以外に質点 1 は 2 から力 F_{12}，また質点 2 は 1 から力 F_{21} を受けているとしよう（図 10.1 参照）．この F_{12}, F_{21} を内力と呼び，万有引力やクーロン力のような遠隔相互作用や衝突の際の接触力を表している．

さてここで第 2 章で学んだ**作用反作用の法則**を思いだそう．数式で作用反作用の法則を表現すると，F_{12} と F_{21} は大きさが等しくその向きが反対であることから，

$$F_{12} = -F_{21} \tag{10.1}$$

となる．一方，質点 1,2 の運動方程式はそれぞれ

$$m_1 \frac{\mathrm{d}^2 r_1}{\mathrm{d}t^2} = F_1 + F_{12},$$

$$m_2 \frac{\mathrm{d}^2 r_2}{\mathrm{d}t^2} = F_2 + F_{21} \tag{10.2}$$

である．式 (10.2) の 2 つの運動方程式の和をとり，作用反作用の法則の式 (10.1) を用いると，以下の式が導かれる．

$$m_1 \frac{\mathrm{d}^2 r_1}{\mathrm{d}t^2} + m_2 \frac{\mathrm{d}^2 r_2}{\mathrm{d}t^2} = F_1 + F_2 \tag{10.3}$$

ここで，2 体系の全質量 $M = m_1 + m_2$ を導入し，系の**重心**(**質量中心**) ベクトル R_c を

$$R_\mathrm{c} = \frac{m_1 r_1 + m_2 r_2}{M} \tag{10.4}$$

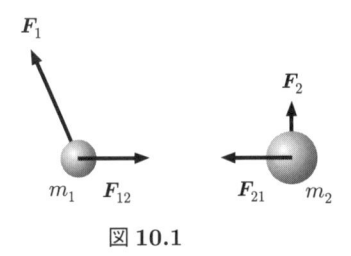

図 10.1

とすると，運動方程式 (10.3) は

$$M\frac{d^2 \boldsymbol{R}_c}{dt^2} = \boldsymbol{F}_1 + \boldsymbol{F}_2 \tag{10.5}$$

となる．したがって，運動方程式 (10.5) は，**2体系の重心の運動を決める方程式**である．また系の全運動量 $\boldsymbol{P} = \boldsymbol{p}_1 + \boldsymbol{p}_2$ を用いると，運動方程式 (10.5) は

$$\frac{d\boldsymbol{P}}{dt} = \boldsymbol{F}_1 + \boldsymbol{F}_2 \tag{10.6}$$

と書けることに注意しよう．

例題 10.1 式 (10.5), (10.6) を導け．

解 式 (10.3) の左辺を全質量 M で割り，同時に掛けると

$$M\frac{d^2}{dt^2}\left(\frac{m_1 \boldsymbol{r}_1 + m_2 \boldsymbol{r}_2}{M}\right)$$

となり，式 (10.5) が得られる．また $M\dfrac{d\boldsymbol{R}_c}{dt} = \boldsymbol{P}$ より，式 (10.6) が得られる．

方程式 (10.6) の例として，下方にガスを噴射しながら上昇するロケットの運動について考える．時間間隔 Δt の間に Δm の質量のガスを相対速度 $\boldsymbol{u}$ で噴射し，その結果速度が $\boldsymbol{v}$ から $\boldsymbol{v} + \Delta \boldsymbol{v}$ と変化したとする．Δt 後のロケットの質量は $m - \Delta m$ であることより，式 (10.6) は

$$\lim_{\Delta t \to 0}\frac{(m - \Delta m)(\boldsymbol{v} + \Delta \boldsymbol{v}) + \Delta m(\boldsymbol{v} + \boldsymbol{u}) - m\boldsymbol{v}}{\Delta t} = \boldsymbol{F} \tag{10.7}$$

となる．これより

$$\lim_{\Delta t \to 0}\frac{m\,\Delta \boldsymbol{v} + \Delta m\,\boldsymbol{u}}{\Delta t} = \boldsymbol{F} \tag{10.8}$$

となり，整理すると

$$m\frac{d\boldsymbol{v}}{dt} = \boldsymbol{F} - \frac{dm}{dt}\boldsymbol{u} \tag{10.9}$$

となり，右辺第2項が噴射による推進力を与えることが導かれる．

さてここで**相対座標** $\boldsymbol{r}$ を次のように導入しよう．

$$\boldsymbol{r} = \boldsymbol{r}_2 - \boldsymbol{r}_1 \tag{10.10}$$

(ここで 1 と 2 の役割を入れ替えても，以下の議論は本質的に変更を受けない．) 重心座標と相対座標を用いて元の $\boldsymbol{r}_1, \boldsymbol{r}_2$ を表すことは容易にできて

$$\boldsymbol{r}_1 = \boldsymbol{R}_c - \frac{m_2}{M}\boldsymbol{r}, \quad \boldsymbol{r}_2 = \boldsymbol{R}_c + \frac{m_1}{M}\boldsymbol{r} \tag{10.11}$$

となる．

例題 10.2 式 (10.11) を導け．

解 式 (10.4) を式 (10.11) の右辺に代入する．

$$\boldsymbol{R}_c - \frac{m_2}{M}\boldsymbol{r} = \frac{m_1 \boldsymbol{r}_1 + m_2 \boldsymbol{r}_2}{M} - \frac{m_2}{M}(\boldsymbol{r}_2 - \boldsymbol{r}_1) = \boldsymbol{r}_1$$

r_2 についても同様.

次に相対座標の運動方程式を導いてみよう. 定義と式 (10.2) より

$$\frac{d^2 \boldsymbol{r}}{dt^2} = \frac{d^2 \boldsymbol{r}_2}{dt^2} - \frac{d^2 \boldsymbol{r}_1}{dt^2}$$
$$= \frac{\boldsymbol{F}_{21} + \boldsymbol{F}_2}{m_2} - \frac{\boldsymbol{F}_{12} + \boldsymbol{F}_1}{m_1}$$
$$= \left(\frac{1}{m_1} + \frac{1}{m_2}\right) \boldsymbol{F}_{21} + \frac{\boldsymbol{F}_2}{m_2} - \frac{\boldsymbol{F}_1}{m_1} \quad (10.12)$$

となる. ここで**換算質量** μ を以下のように導入する.

$$\mu = \frac{m_1 m_2}{m_1 + m_2}, \quad \frac{1}{\mu} = \frac{1}{m_1} + \frac{1}{m_2} \quad (10.13)$$

この μ を用いると式 (10.12) は

$$\mu \frac{d^2 \boldsymbol{r}}{dt^2} = \boldsymbol{F}_{21} + \frac{\mu}{m_2} \boldsymbol{F}_2 - \frac{\mu}{m_1} \boldsymbol{F}_1 \quad (10.14)$$

となる. ここで外力 $\boldsymbol{F}_1$, $\boldsymbol{F}_2$ が存在しない場合, 2 体系の相対座標は質量が μ で力 $\boldsymbol{F}_{21}$ を受けて運動する質点と同じ方程式を満足することがわかる.

ここで例として図 10.2 のようにバネでつながれた 2 つの質点を考えよう. それぞれの質量を m_1, m_2, その位置座標を x_1, x_2 とする. またバネの自然長を x_0, バネ定数を k とする. 外力が働いていないとすると, それぞれの質点の運動方程式は

$$m_1 \frac{d^2 x_1}{dt^2} = F_{12} = -k(x_1 - x_2 + x_0) \quad (10.15)$$

$$m_2 \frac{d^2 x_2}{dt^2} = F_{21} = k(x_1 - x_2 + x_0) \quad (10.16)$$

図 10.2

となる. 式 (10.15), (10.16) の和をとると, 次の重心についての運動方程式が得られる.

$$m_1 \frac{d^2 x_1}{dt^2} + m_2 \frac{d^2 x_2}{dt^2} = M \frac{d^2 X_c}{dt^2} = 0 \quad (10.17)$$

ここで X_c は 2 つの質点の重心座標である. 式 (10.17) よりバネの重心は静止あるいは等速直線運動をすることとなる. 一方, 相対座標については $x = x_2 - x_1$ とすると

$$\mu \frac{d^2 x}{dt^2} = F_{21} = -k(x_2 - x_1 - x_0) = -k(x - x_0) \quad (10.18)$$

となる. 式 (10.18) はバネにつながれた質量 μ の質点の運動方程式と同じであり, 2 つの質点は角振動数 $\omega = \sqrt{\dfrac{k}{\mu}}$ で相対振動をすることがわかる. 特に $m_1 = m_2 = m$ のとき $\mu = \dfrac{m}{2}$ であるので, 壁につながれた場合に比べて $\sqrt{2}$ 倍だけ振動の速さが速くなることになる.

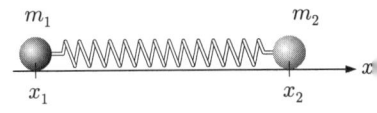

この節の最後に第9章で学んだ太陽と惑星の運動を，2体系の問題として考えてみよう．惑星間の引力は弱く無視できるとすると，式 (10.14) で $F_1 = F_2 = 0$ であり，F_{21} は太陽と惑星間の万有引力である．換算質量を太陽の質量 M と惑星の質量 m で表すと，$M \gg m$ より

$$\mu = \frac{Mm}{M+m} \simeq \frac{Mm}{M} \simeq m \tag{10.19}$$

となり，また重心の位置座標 R_c は太陽の位置座標を R，惑星の位置座標を r_p とすると，式 (10.4) から

$$R_c = \frac{MR + mr_p}{M} \simeq R \tag{10.20}$$

となる．以上のことより第9章で学んだ惑星の運動は正確には太陽との相対座標に関するものであり，また重心の位置は太陽の位置と近似的に考えることができるので，惑星位置座標 r_p の運動方程式と見なしてもよいことがわかる．

10.2 全角運動量とつり合いの条件

この節では前節に引き続き2体系の力学を考えよう．系の全運動量 L を次のように定義する．

$$\begin{aligned} L &= r_1 \times p_1 + r_2 \times p_2 \\ &= r_1 \times m_1 \frac{dr_1}{dt} + r_2 \times m_2 \frac{dr_2}{dt} \end{aligned} \tag{10.21}$$

第7章での考察と同様に，全角運動量の時間変化を決める方程式を求めよう．公式 (7.14) を用いると，

$$\begin{aligned} \frac{dL}{dt} &= \frac{dr_1}{dt} \times m_1 \frac{dr_1}{dt} + r_1 \times m_1 \frac{d^2r_1}{dt^2} + \frac{dr_2}{dt} \times m_2 \frac{dr_2}{dt} + r_2 \times m_2 \frac{d^2r_2}{dt^2} \\ &= r_1 \times m_1 \frac{d^2r_1}{dt^2} + r_2 \times m_2 \frac{d^2r_2}{dt^2} \end{aligned} \tag{10.22}$$

ここで平行なベクトルの外積がゼロであることを用いた．式 (10.22) をさらに変形するために，運動方程式 (10.2) を使うと，

$$\begin{aligned} \frac{dL}{dt} &= r_1 \times (F_{12} + F_1) + r_2 \times (F_{21} + F_2) \\ &= (r_2 - r_1) \times F_{21} + r_1 \times F_1 + r_2 \times F_2 \\ &= r_1 \times F_1 + r_2 \times F_2 \end{aligned} \tag{10.23}$$

となる．式 (10.23) の右辺が外力のモーメントの和になっていることに注意しよう．内力からの寄与は2つの質点の角運動量の和をとると，作用反作用の法則と内力 F_{21} が2つの質点の相対座標 $r_2 - r_1$ と平行であることにより，相殺することがわかる．

これまで 2 体系について学んだ内容を用いて，てこの原理について考えてみよう．図 10.3 に示すように，支点 C で支えられた天秤の左端 A に質量が m の物体を載せ，反対側の右端 B に鉛直下方の力 F を加え持ち上げることを考える．支点 C と A との距離を l，支点 C と B との距離を L とすると，支点 C のまわりの力のモーメントの和がゼロである条件から，

$$-lmg + LF = 0 \tag{10.24}$$

となり，これよりよく知られた関係式 $F = \dfrac{l}{L} mg$ が出てくる．

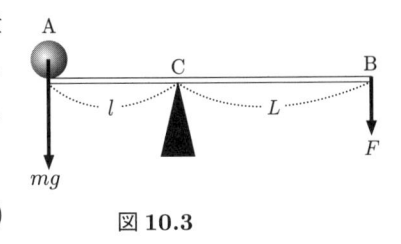

10.3 質点の多体系：重心の運動

さてこれまでの 2 体系の考察を拡張して一般の多体系について考えよう．質点の個数を n とし，i 番目の質点の座標を $\bm{r}_i$，質量を m_i とする．座標 $\bm{r}_i$ についての運動方程式は，i 番目の質点に作用する外力 (いま考えている n 個の質点以外から受ける力) を $\bm{F}_i$ とし，j 番目の質点から受ける力を $\bm{F}_{ij}$ とすると，

$$m_i \frac{d^2 \bm{r}_i}{dt^2} = \bm{F}_i + \sum_{j=1}^{n} \bm{F}_{ij} \tag{10.25}$$

となる．ここで便宜上 $\bm{F}_{ii}$ を導入したが，これは i 番目の質点が自分自身に作用する力なので，恒等的に $\bm{F}_{ii} = 0$ である (図 10.4 参照)．

一般に内力 $\bm{F}_{ij}$ は質点の座標に依存性し，$\bm{F}_{ij} = \bm{F}_{ij}(\bm{r}_i, \bm{r}_j)$ であるため，i 番目の質点の運動を知るためには n 個の運動方程式 (10.25) を同時に解かなくてはならない．これは極めて難しい問題であり，特別な場合以外は解析的に解を得ることは不可能である．しかしながら 2 体系に行った考察を拡張することにより，質点系全体の運動について重要な情報を得ることができる．以下の考察は第 11 および第 12 章で行う剛体の運動の考察に対する重要な準備でもある．

2 体系のところで説明したように，作用反作用の法則により，

$$\bm{F}_{ij} = -\bm{F}_{ji} \tag{10.26}$$

が成り立つ．そこで運動方程式 (10.25) の両辺を i について和をとると

$$\sum_{i}^{n} m_i \frac{d^2 \bm{r}_i}{dt^2} = \sum_{i=1}^{n} \bm{F}_i + \sum_{i=1}^{n} \sum_{j=1}^{n} \bm{F}_{ij} \tag{10.27}$$

となる．ここで式 (10.27) の右辺第 2 項に注目し，式 (10.26) を用いると

$$\sum_{i=1}^{n} \sum_{j=1}^{n} \bm{F}_{ij} = \left(\sum_{i>j} + \sum_{i<j} \right) \bm{F}_{ij}$$
$$= \sum_{i>j} (\bm{F}_{ij} + \bm{F}_{ji})$$

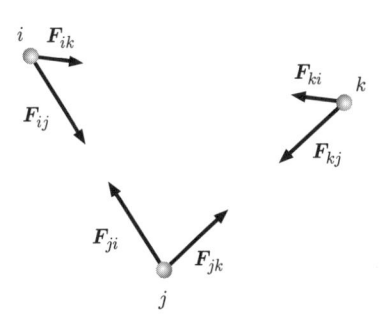

$$= \sum_{i>j}(\boldsymbol{F}_{ij} - \boldsymbol{F}_{ij})$$
$$= 0 \tag{10.28}$$

となる．これより式 (10.27) は

$$\sum_{i=1}^{n} m_i \frac{\mathrm{d}^2 \boldsymbol{r}_i}{\mathrm{d}t^2} = \sum_{i=1}^{n} \boldsymbol{F}_i \tag{10.29}$$

となる．

運動方程式 (10.29) は質点系の全質量 $M = \sum_{i=1}^{n} m_i$，および重心座標 $\boldsymbol{R}_\mathrm{c}$ を次のように導入すると

$$\boldsymbol{R}_\mathrm{c} = \frac{\sum_{i=1}^{n} m_i \boldsymbol{r}_i}{M} \tag{10.30}$$

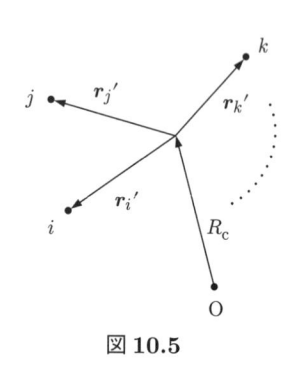

2体系と同じように

$$M \frac{\mathrm{d}^2 \boldsymbol{R}_\mathrm{c}}{\mathrm{d}t^2} = \sum_{i=1}^{n} \boldsymbol{F}_i \tag{10.31}$$

と書ける．したがって，重心座標 $\boldsymbol{R}_\mathrm{c}$ は外力の和によって運動する質量 M の粒子と同じ振る舞いをすることがわかる．

また質点系の全運動量 $\boldsymbol{P} = \sum_{i=1}^{n} m_i \frac{\mathrm{d}\boldsymbol{r}_i}{\mathrm{d}t} = M \frac{\mathrm{d}\boldsymbol{R}_\mathrm{c}}{\mathrm{d}t}$ を用いると，運動方程式 (10.29) は

$$\frac{\mathrm{d}\boldsymbol{P}}{\mathrm{d}t} = M \frac{\mathrm{d}^2 \boldsymbol{R}_\mathrm{c}}{\mathrm{d}t^2} = \sum_{i=1}^{n} \boldsymbol{F}_i \tag{10.32}$$

と表される．

10.4　全角運動量と重心まわりの角運動量

2体系と同様に，n 体系の全角運動量 $\boldsymbol{L}$ を考えてみよう．i 番目の質点の角運動量 $\boldsymbol{l}_i$ は $\boldsymbol{l}_i = \boldsymbol{r}_i \times \boldsymbol{p}_i = \boldsymbol{r}_i \times m_i \boldsymbol{v}_i$ であるので，座標原点まわりの全角運動量 $\boldsymbol{L}$ はその和で与えられる．

$$\boldsymbol{L} = \sum_{i=1}^{n} \boldsymbol{l}_i = \sum_{i=1}^{n} \boldsymbol{r}_i \times \boldsymbol{p}_i \tag{10.33}$$

ここで図 10.5 に示すように，重心 $\boldsymbol{R}_\mathrm{c}$ から測った i 番目の質点の位置座標 $\boldsymbol{r}_i'$ を導入する．

$$\boldsymbol{r}_i = \boldsymbol{R}_\mathrm{c} + \boldsymbol{r}_i', \quad \boldsymbol{r}_i' = \boldsymbol{r}_i - \boldsymbol{R}_\mathrm{c} \tag{10.34}$$

$\boldsymbol{R}_\mathrm{c}$ の定義から容易に以下の式が示せる．

$$\sum_{i=1}^{n} m_i \boldsymbol{r}_i' = 0 \tag{10.35}$$

図 10.5

例題 10.3 式 (10.35) を示せ.

解 式 (10.34) より,
$$\sum_{i=1}^n m_i \bm{r}_i' = \sum_{i=1}^n m_i(\bm{r}_i - \bm{R}_\mathrm{c}) = \sum_{i=1}^n m_i \bm{r}_i - M\bm{R}_\mathrm{c} = 0$$
ここで $\bm{R}_\mathrm{c}$ の定義を使った. ∎

この座標を用いると全角運動量は以下のように書き表せる.
$$\begin{aligned}\bm{L} &= \sum_{i=1}^n (\bm{R}_\mathrm{c} + \bm{r}_i') \times m_i \left(\frac{\mathrm{d}\bm{R}_\mathrm{c}}{\mathrm{d}t} + \frac{\mathrm{d}\bm{r}_i'}{\mathrm{d}t}\right) \\ &= \bm{R}_\mathrm{c} \times \bm{P} + \sum_{i=1}^n \bm{r}_i' \times m_i \frac{\mathrm{d}\bm{r}_i'}{\mathrm{d}t}\end{aligned} \quad (10.36)$$

例題 10.4 式 (10.36) を示せ.

解 式 (10.36) の右辺について
$$\sum_{i=1}^n (\bm{R}_\mathrm{c} + \bm{r}_i') \times m_i \left(\frac{\mathrm{d}\bm{R}_\mathrm{c}}{\mathrm{d}t} + \frac{\mathrm{d}\bm{r}_i'}{\mathrm{d}t}\right) = \bm{R}_\mathrm{c} \times M \frac{\mathrm{d}\bm{R}_\mathrm{c}}{\mathrm{d}t} + \sum_{i=1}^n \bm{r}_i' \times m_i \frac{\mathrm{d}\bm{r}_i'}{\mathrm{d}t}$$
$$= \bm{R}_\mathrm{c} \times \bm{P} + \sum_{i=1}^n \bm{r}_i' \times m_i \frac{\mathrm{d}\bm{r}_i'}{\mathrm{d}t}$$
となる. ∎

式 (10.36) より,座標原点まわりの全角運動量は重心の角運動量 $\bm{L}_\mathrm{c}$ と重心のまわりの角運動量 $\bm{L}'$ の和として表されることがわかる.すなわち,
$$\bm{L} = \bm{L}_\mathrm{c} + \bm{L}',$$
$$\bm{L}_\mathrm{c} = \bm{R}_\mathrm{c} \times \bm{P},$$
$$\bm{L}' = \sum_{i=1}^n \bm{r}_i' \times m_i \frac{\mathrm{d}\bm{r}_i'}{\mathrm{d}t} \quad (10.37)$$

太陽のまわりを公転しつつ自転する地球を例にとり,多体系の角運動量について考えてみる.地球を多くの部分からなる質点系と見なすと,地球の自転はその重心まわりの回転と見なせる.したがって,重心まわりの角運動量 $\bm{L}'$ は自転によるものであり,図 10.6 に示す方向を向いている.一方,太陽を座標原点とすると,地球の公転は地球の重心の回転運動とみなすことができる.したがって座標原点まわりの重心の角運動量 $\bm{L}_\mathrm{c}$ は図 10.6 に示した方向を向いている.式 (10.37) が示すように,太陽を原点とする全角運動量 $\bm{L}$ は $\bm{L}'$ と $\bm{L}_\mathrm{c}$ のベクトルとしての和で与えられる.

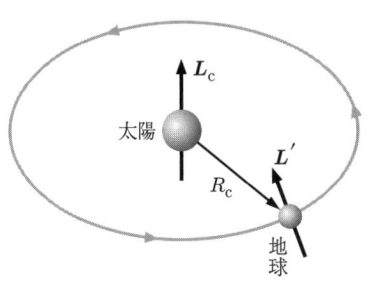

図 10.6

2体系についての考察で行ったように，全角運動量の時間変化を調べてみよう．まず座標原点まわりの角運動量の時間変化を計算すると

$$\frac{\mathrm{d}\boldsymbol{L}}{\mathrm{d}t} = \frac{\mathrm{d}}{\mathrm{d}t}\left(\sum_{n=1}^{n}\boldsymbol{r}_i \times m_i \frac{\mathrm{d}\boldsymbol{r}_i}{\mathrm{d}t}\right)$$

$$= \sum_{i=1}^{n}\left(\boldsymbol{r}_i \times m_i \frac{\mathrm{d}^2\boldsymbol{r}_i}{\mathrm{d}t^2}\right)$$

$$= \sum_{i=1}^{n}\left\{\boldsymbol{r}_i \times \left(\boldsymbol{F}_i + \sum_{j=1}^{n}\boldsymbol{F}_{ij}\right)\right\}$$

$$= \sum_{i=1}^{n}(\boldsymbol{r}_i \times \boldsymbol{F}_i) + \sum_{i,j=1}^{n}(\boldsymbol{r}_i \times \boldsymbol{F}_{ij}) \tag{10.38}$$

となる．ここでさらに式 (10.38) の右辺第 2 項について調べると

$$\sum_{i,j=1}^{n}(\boldsymbol{r}_i \times \boldsymbol{F}_{ij}) = \sum_{i>j}^{n}(\boldsymbol{r}_i \times \boldsymbol{F}_{ij} + \boldsymbol{r}_j \times \boldsymbol{F}_{ji})$$

$$= \sum_{i>j}^{n}\{(\boldsymbol{r}_i - \boldsymbol{r}_j) \times \boldsymbol{F}_{ij}\}$$

$$= 0 \tag{10.39}$$

ここで作用反作用の法則，および $\boldsymbol{F}_{ij} \propto \boldsymbol{r}_i - \boldsymbol{r}_j$ を用いた．結局，式 (10.38) は

$$\frac{\mathrm{d}\boldsymbol{L}}{\mathrm{d}t} = \sum_{i=1}^{n}(\boldsymbol{r}_i \times \boldsymbol{F}_i) = \sum_{i=1}^{n}\boldsymbol{N}_i \tag{10.40}$$

となる．ここで $\boldsymbol{N}_i = \boldsymbol{r}_i \times \boldsymbol{F}_i$ は外力による (座標原点まわりの) 力のモーメントであり，内力の効果は相殺し，現れないことがわかる．これより，外力による力のモーメントの和が消える，すなわち $\sum_{i=1}^{n}\boldsymbol{N}_i = 0$ のとき，全角運動量は保存されることが導かれた．

次に重心まわりの角運動量の時間変化を調べてみよう．式 (10.35) を使うと，

$$\frac{\mathrm{d}\boldsymbol{L}'}{\mathrm{d}t} = \sum_{i=1}^{n}\left(\frac{\mathrm{d}\boldsymbol{r}_i{}'}{\mathrm{d}t} \times m_i \frac{\mathrm{d}\boldsymbol{r}_i{}'}{\mathrm{d}t} + \boldsymbol{r}_i{}' \times m_i \frac{\mathrm{d}^2\boldsymbol{r}_i{}'}{\mathrm{d}t^2}\right)$$

$$= \sum_{i=1}^{n}\left\{\boldsymbol{r}_i{}' \times m_i\left(\frac{\mathrm{d}^2\boldsymbol{r}_i}{\mathrm{d}t^2} - \frac{\mathrm{d}^2\boldsymbol{R}_\mathrm{c}}{\mathrm{d}t^2}\right)\right\}$$

$$= \sum_{i=1}^{n}\left\{\boldsymbol{r}_i{}' \times \left(\boldsymbol{F}_i + \sum_{j=1}^{n}\boldsymbol{F}_{ij}\right)\right\} - \sum_{i=1}^{n}\left(m_i\boldsymbol{r}_i{}' \times \frac{\mathrm{d}^2\boldsymbol{R}_\mathrm{c}}{\mathrm{d}t^2}\right)$$

$$= \sum_{i=1}^{n}(\boldsymbol{r}_i{}' \times \boldsymbol{F}_i)$$

$$= \sum_{i=1}^n \bm{N}_i' \tag{10.41}$$

ここで $\bm{N}_i' = \bm{r}_i' \times \bm{F}_i$ は重心まわりの外力による力のモーメントである．

重力や等加速度系で生じる見かけの力のような質量に比例した一定の外力が，質点系に働いている場合を考えよう．このような外力は $\bm{F}_i = m_i \bm{a}$ と表される．ここで $\bm{a}$ は時間や座標に依存しない定ベクトルである．$\sum_{i=1}^n \bm{N}_i' = \sum_{i=1}^n (\bm{r}_i' \times \bm{F}_i)$ を計算すると

$$\sum_{i=1}^n \bm{N}_i' = \sum_{i=1}^n (\bm{r}_i' \times \bm{F}_i) = \sum_{i=1}^n m_i \bm{r}_i' \times \bm{a} = 0 \tag{10.42}$$

ここで式 (10.35) を使った．式 (10.42)，(10.41) より，重心まわりの全角運動量は保存されることがわかる．具体例として一様等加速度をしている車内にある多体系は，見かけの力から重心まわりの回転力を受けていないことがわかる．

一方，外力 $\bm{F}_i = m_i \bm{a}$ による座標原点まわりのモーメントを計算してみると，

$$\begin{aligned}
\sum_{i=1}^n \bm{N}_i &= \sum_{i=1}^n \bm{r}_i \times \bm{F}_i \\
&= \sum_{i=1}^n m_i \bm{r}_i \times \bm{a} \\
&= \sum_{i=1}^n m_i (\bm{R}_\mathrm{c} + \bm{r}_i') \times \bm{a} \\
&= \bm{R}_\mathrm{c} \times \sum_{i=1}^n m_i \bm{a} + \sum_{i=1}^n m_i \bm{r}_i' \times \bm{a} \\
&= \bm{R}_\mathrm{c} \times \sum_{i=1}^n m_i \bm{a} \tag{10.43}
\end{aligned}$$

式 (10.43) より，原点まわりの全角運動量の時間変化は

$$\frac{\mathrm{d}\bm{L}}{\mathrm{d}t} = \bm{R}_\mathrm{c} \times M\bm{a} \tag{10.44}$$

と表され，結局重心に全質量 M が集まっている場合と同じになる．

章末問題 10

10.1 式 (10.4) で与えられる重心の位置ベクトル $\bm{R}_\mathrm{c}$ の終点が，2つの位置ベクトル $\bm{r}_1$，$\bm{r}_2$ の終点を結ぶ線分を $m_2 : m_1$ に分ける点であることを示せ．

10.2 水平面上に長さが L，質量が M の細長く一様な板が浮いている．こ

の板の一方の端に質量が m の人が立ち，もう一つの端に向かってゆっくりと歩いた．このとき板はどのように動くか？

10.3 滑らかで摩擦が無視できる氷の上に静止したA, B 2人の人がいる．Aが質量が m のボールを水平速度 v でBに向かって投げ，Bはそのボールをキャッチした．A, B 2人の質量をそれぞれ M_A, M_B とすると，その後の2人はどのような運動をするか．

10.4 図10.7に示すようにちょうつがいで一辺Oをとめられた質量1 kg, 長さが1 mの一様な棚がある．棚のもう一辺Pを壁からつながれた糸で水平に保っている．この糸と水平な棚のなす角度を θ として，以下の問いに答えよ．

a. この棚に作用する力を全て描け．

b. 糸の張力を求めよ．

c. 棚が点Oで壁から受ける力を求めよ．

10.5 図10.8のように質量を無視できる細長い棒の両端に質量が m の物体を吊し，支点からの長さがそれぞれ L_1, L_2 になるようにして支えた．水平状態から静かに離すとき，それぞれの物体の加速度を求めよ．ここで $L_1 = 20\,\mathrm{cm}$, $L_2 = 80\,\mathrm{cm}$ とする．

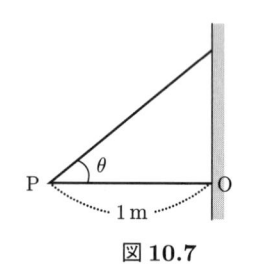

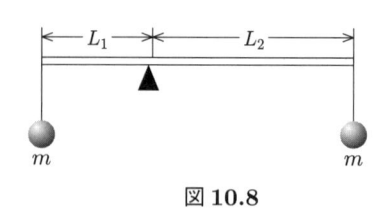

剛体の運動 I

この章では第 10 章で行った多体質点系の考察をもとに，質点の相対位置の変化が無視できる多体系について学ぼう．このように変形が無視できる物体を剛体と呼ぶ．剛体の運動を記述する方程式を求める．また，剛体の固定軸まわりの回転に関連して，慣性モーメントを導入する．

11.1 剛体運動の自由度と運動方程式

第 10 章では多体系の運動を学んだが，この章ではそれらの**質点の相対位置が運動中に変化しない**場合について考えよう．これを**剛体**と呼ぶ．多くの変形の少ない物体は近似的に剛体と見なせる．多くの有限の大きさをもつ物体はマクロに見ると連続体であるが，この章では先の章の記述を引き継ぎ，n 個の質点からなる場合を考察し，必要に応じて連続体表現に移行することにする．

3 次元空間にある n 個の質点を記述するには $3n$ 個の座標が必要になる．これらの座標の時間依存性を決めるには，$3n$ 個の運動方程式を解かなくてはならない．もちろんこれは実際には不可能であるが，剛体の運動を記述するためには幾つの力学変数と運動方程式が必要であろうか？ まずその重心座標 $\bm{R}_c$ が 3 成分ある．重心座標が固定された状態で，剛体内のある固定された軸の 3 次元空間内での方向を決めるのに，2 つの成分が必要である．さらにその固定軸まわりの回転角を定めれば，剛体の位置は完全に決まることになる (図 11.1 参照)．

以上のことより全部で 6 個の実数変数が時間の関数として求まれば，剛体の運動は決まることになる．それを決める運動方程式は 6 成分あることになるが，それを求めてみよう．まず，重心の運動を記述するのは第 10 章で求めた重心の運動方程式である．

$$M \frac{\mathrm{d}^2 \bm{R}_c}{\mathrm{d}t^2} = \sum_{i=1}^{n} \bm{F}_i \tag{11.1}$$

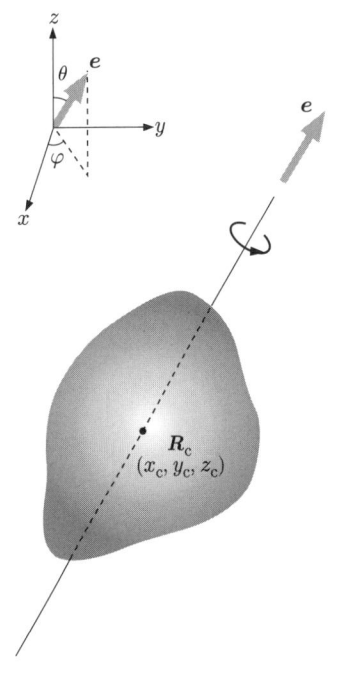

図 11.1

また上の考察より，残りの 3 つの自由度は剛体の回転に関係するものであるから，剛体の全角運動量の運動方程式が残りの 3 成分の運動方程式であることがわかる．これは座標原点まわりの角運動量，あるいは重心まわりの角運動量のどちらでもよい．ここでは重心まわりの角運動量の時間変化

を決める式を書いておこう．

$$\frac{dL'}{dt} = \sum_{i=1}^{n}(r_i' \times F_i) = \sum_{i=1}^{n} N_i' \qquad (11.2)$$

方程式 (11.1) を解くことにより重心の運動がわかり，ついで方程式 (11.2) を解けば重心を中心とした回転運動がわかることになる．

上で求めた剛体に対する運動方程式から，つり合いの条件が得られる．剛体が静止した状態を続けるためには重心の静止と重心まわりの回転が起こらないことが必要である．したがって，つり合いの条件は，

$$M\frac{d^2 R_c}{dt^2} = \sum_{i=1}^{n} F_i = 0,$$

$$\frac{dL'}{dt} = \sum_{i=1}^{n}(r_i' \times F_i) = \sum_{i=1}^{n} N_i' = 0 \qquad (11.3)$$

となる．

11.2　剛体の固定軸まわりの回転運動

前節において，一般的な考察により剛体の運動方程式を導いた．この節ではその特別な場合として，剛体に固定された軸のまわりの回転運動について考えよう（図 11.2 参照）．重心は静止しているとし，回転軸を座標の z 軸ととる．座標軸の原点は z 軸上の任意の点をとってよい．これまでと同様に，まず剛体を小さいが有限の大きさをもつ部分に細分化し，それぞれの部分に番号 $i = 1, \cdots, n$ を付けよう．以下の議論では i 番目の部分を 1 つの質点と見なし，その質量を m_i，座標を $r_i = (x_i, y_i, z_i)$ とする．

図 11.2 に示すように，i 番目の質点はそこから z 軸に下ろした垂線との交点 P_i のまわりを，距離 $\sqrt{x_i^2 + y_i^2}$ を保ちながら回転運動を行っている．$r_i = \sqrt{x_i^2 + y_i^2}$ とおき，x 軸からの角度を φ_i とし，円筒座標を導入しよう．これを式で書くと，

$$x_i = r_i \cos\varphi_i, \quad y_i = r_i \sin\varphi_i \qquad (11.4)$$

となる．質点の相対的な位置は固定されているので φ_i の時間微分はすべての質点において等しいことに注意しよう．これを ω とおくと，すべての i について

$$\frac{d\varphi_i}{dt} = \omega, \quad (\text{すべての } i \text{ について}) \qquad (11.5)$$

となる．ここで ω が一般には時間の関数，$\omega = \omega(t)$，であることに注意をする．

上で導入した変数を用いて全角運動量の z 成分（z 軸まわりの全角運動量）

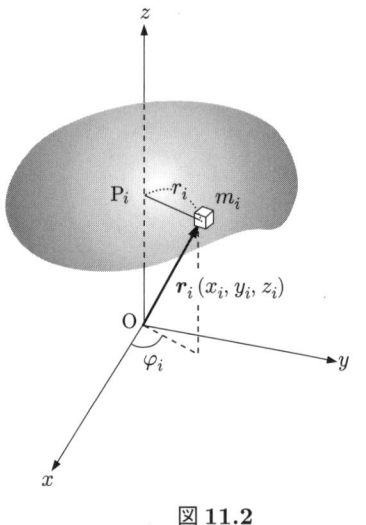

を表してみよう．まず速度は式 (11.4) と (11.5) より

$$\frac{\mathrm{d}x_i}{\mathrm{d}t} = -\frac{\mathrm{d}\varphi_i}{\mathrm{d}t}r_i\cos\varphi_i = -\frac{\mathrm{d}\varphi_i}{\mathrm{d}t}y_i = -\omega y_i$$

$$\frac{\mathrm{d}y_i}{\mathrm{d}t} = \frac{\mathrm{d}\varphi_i}{\mathrm{d}t}r_i\sin\varphi_i = \frac{\mathrm{d}\varphi_i}{\mathrm{d}t}x_i = \omega x_i \tag{11.6}$$

であることがわかる．これより

$$\begin{aligned}L_z &= \sum_{i=1}^n (\boldsymbol{l}_i)_z \\ &= \sum_{i=1}^n m_i\left(x_i\frac{\mathrm{d}y_i}{\mathrm{d}t} - y_i\frac{\mathrm{d}x_i}{\mathrm{d}t}\right) \\ &= \omega\sum_{i=1}^n m_i(x_i{}^2 + y_i{}^2)\end{aligned} \tag{11.7}$$

となる．ここで式 (11.7) の右辺に出てきた時間に依存しない量

$$\sum_{i=1}^n m_i(x_i{}^2 + y_i{}^2)$$

を

$$I_z = \sum_{i=1}^n m_i(x_i{}^2 + y_i{}^2) \tag{11.8}$$

と定義する．I_z は剛体と回転軸を決めれば不変な物理量であり，**慣性モーメント**と呼ばれる．慣性モーメントを用いると，L_z は

$$L_z = \omega I_z \tag{11.9}$$

と簡潔に表される．

例題 11.1 式 (11.8) は $I_z = \displaystyle\sum_{i=1}^n m_i r_i^2$ と表される．これより z 軸まわりの角運動量 L_z は $L_z = \omega\displaystyle\sum_{i=1}^n m_i r_i^2$ となる．この結果を 2 次元極座標を用いた考察により導け．

解 全角運動量は各質点の角運動量の和であるから，各質点の角運動量について考える．位置ベクトルを $\boldsymbol{r} = r\boldsymbol{e}_r$ とすると，速度ベクトルは 2 次元極座標で

$$\frac{\mathrm{d}\boldsymbol{r}}{\mathrm{d}t} = \frac{\mathrm{d}r}{\mathrm{d}t}\boldsymbol{e}_r + r\frac{\mathrm{d}\boldsymbol{e}_r}{\mathrm{d}t} = \frac{\mathrm{d}r}{\mathrm{d}t}\boldsymbol{e}_r + r\frac{\mathrm{d}\varphi}{\mathrm{d}t}\boldsymbol{e}_\varphi$$

$\boldsymbol{e}_r \times \boldsymbol{e}_\varphi = \boldsymbol{e}_z$ より

$$\boldsymbol{r} \times m\frac{\mathrm{d}\boldsymbol{r}}{\mathrm{d}t} = mr^2\frac{\mathrm{d}\varphi}{\mathrm{d}t}\boldsymbol{e}_z = mr^2\omega\boldsymbol{e}_z$$

となる．この式を全ての質点について足し合わせればよい．

式 (11.8) から容易に連続体表示を求めることができる．剛体の位置 $\boldsymbol{r} = (x, y, z)$ における質量密度を $\rho(\boldsymbol{r})$ とすると，慣性モーメント I_z は次式

で与えられる．

$$I_z = \int \rho(\boldsymbol{r})(x^2+y^2)\,\mathrm{d}x\mathrm{d}y\mathrm{d}z \tag{11.10}$$

z軸まわりの全角運動量の表示が求まったので，角速度$\omega(t)$の時間変化を決める方程式を導こう．それには原点まわりの全角運動量の時間変化を決める運動方程式のz成分を考えればよい．慣性モーメントI_zとL_zを関係付ける式(11.9)を用いると，

$$\frac{\mathrm{d}L_z}{\mathrm{d}t} = I_z\frac{\mathrm{d}\omega}{\mathrm{d}t} = N_z = \sum_{i=1}^{n}(\boldsymbol{r}_i\times\boldsymbol{F}_i)_z = \sum_{i=1}^{n}(x_iF_{iy}-y_iF_{ix}) \tag{11.11}$$

となる．上の式において

$$\frac{\mathrm{d}\omega}{\mathrm{d}t} = \frac{\mathrm{d}^2\varphi_i}{\mathrm{d}t^2} \quad (\text{すべての}i\text{について}) \tag{11.12}$$

であることに注意する．各φ_iの時刻tでの値はその$t=0$での初期条件の差のみによることになる．

次に慣性モーメントを用いると，全運動エネルギーKが簡潔に書き表されることを示そう．定義から，

$$K = \frac{1}{2}\sum_{i=1}^{n}m_i\boldsymbol{v}_i^2 = \frac{1}{2}\sum_{i=1}^{n}m_i(r_i\omega)^2 = \frac{1}{2}I_z\omega^2 \tag{11.13}$$

であることがわかる．

11.3 慣性モーメントの計算

この節では具体的な例を考えて，剛体の慣性モーメントを計算してみよう．式(11.11)からわかるように，慣性モーメントが大きいほど，その剛体は外力を受けても回転しにくいことになる．

図11.3に示したように，長さがlの棒の両端に重さがM_0の質点を付けた剛体を考えよう．棒自身の質量は無視できるほど小さいとする．この棒状剛体の中心まわりの慣性モーメントを計算する．棒と垂直にz軸をとると，式(11.8)より，I_zは$i=1,2$，$x_1=-\dfrac{l}{2}$，$x_2=\dfrac{l}{2}$，$m_1=m_2=M_0$より

$$I_z = m_1x_1{}^2 + m_2x_2{}^2 = M_0\left(\frac{l}{2}\right)^2 + M_0\left(-\frac{l}{2}\right)^2 = \frac{1}{2}M_0l^2 \tag{11.14}$$

と求まる．

次に上の例を拡張して質量密度(単位長さ当たりの質量)がλ，長さがlである棒状剛体のz軸まわりの慣性モーメントを計算しよう(図11.4)．この棒状剛体の質量Mは，$M=\lambda l$である(両端に質点は付いていない場合を考える)．棒をN個の小さな部分に分け，その部分に番号$i=1,\cdots,N$

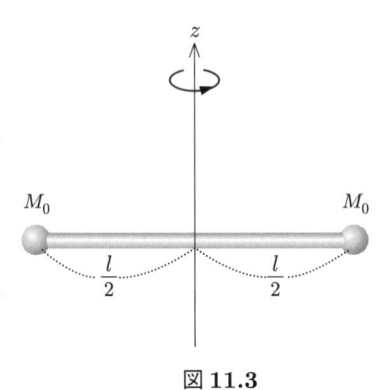

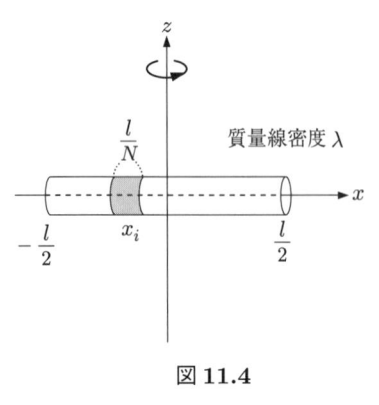

図 11.3

図 11.4

11.3 慣性モーメントの計算

を付ける．i 番目の部分の座標を x_i, その長さを l/N とすると

$$I_z = \lim_{N\to\infty} \sum_{i=1}^{N} \frac{x_i^2 \lambda l}{N} = \int_{l/2}^{l/2} \lambda x^2 \mathrm{d}x = \lambda \left[\frac{x^3}{3}\right]_{-l/2}^{l/2} = \lambda \frac{l^3}{12} = \frac{M}{12} l^2$$
(11.15)

と求まる．

では，x 軸まわりの慣性モーメント I_x はどうなるであろうか？ 棒の半径が無視できるほど小さいとすると，すべての i に対して $y_i = z_i = 0$ なので，$I_x = 0$ となる．このことより容易に想像できることであるが，z 軸まわりの回転をするには力が必要であるが，x 軸まわりの回転には力を要しない．

次に図 11.5 のように半径が R の一様な円板の慣性モーメントを計算しよう．円盤は xy 平面内にあるとし，z 軸は円板と垂直で円板の中心を通るとする．単位面積当たり σ の質量があるとすると，円板全体の質量は $M = \pi R^2 \sigma$ である．z 軸まわりの慣性モーメントは，z 軸からの距離が r と $r + \mathrm{d}r$ の間の円環にある質量が $2\pi r \mathrm{d}r \times \sigma$ であるから

$$I_z = \int_0^R \left(r^2 2\pi r \times \sigma\right) \mathrm{d}r = 2\pi\sigma \left[\frac{r^4}{4}\right]_0^R = \frac{\pi}{2} \sigma R^4 = \frac{1}{2} M R^2 \quad (11.16)$$

と求まる．

質量面密度 δ

図 11.5

この章の最後に例として図 11.6 に示した滑車の運動について考えよう．滑車の半径は R, 滑車の中心からの慣性モーメントを I とする．この滑車の両端に重さがそれぞれ $m_1, m_2(<m_1)$ の質点を糸を用いてつるし，その運動について調べる．鉛直上方を z 軸にとり，質点の位置座標を z_1, z_2 とすると，方程式はそれぞれ

$$m_1 \frac{\mathrm{d}^2 z_1}{\mathrm{d}t^2} = S_1 - m_1 g,$$
$$m_2 \frac{\mathrm{d}^2 z_2}{\mathrm{d}t^2} = S_2 - m_2 g \quad (11.17)$$

となる．ここで S_1, S_2 は図 11.6 に示すように糸の張力である．2 つの質点を繋いだ糸が伸びないと仮定すると，

$$\frac{\mathrm{d}^2 z_1}{\mathrm{d}t^2} = -\frac{\mathrm{d}^2 z_2}{\mathrm{d}t^2}$$

が成り立ち，さらに滑車の角速度 $\omega(t)$ の満たす方程式は式 (11.11) より

$$I \frac{\mathrm{d}\omega}{\mathrm{d}t} = R(S_1 - S_2) \quad (11.18)$$

となる．また，糸が滑車を滑らない条件より

$$-\frac{\mathrm{d}^2 z_1}{\mathrm{d}t^2} = R \frac{\mathrm{d}\omega}{\mathrm{d}t}$$

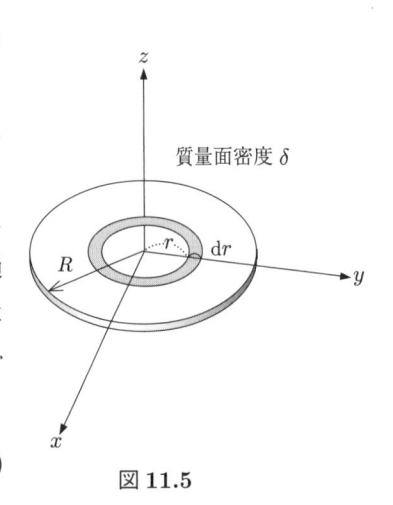

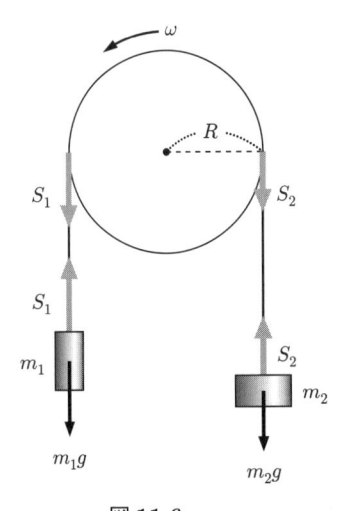

図 11.6

が成り立つ．以上の式を解いて,

$$S_1 = \frac{I + 2R^2 m_2}{I + R^2(m_1 + m_2)} m_1 g,$$

$$S_2 = \frac{I + 2R^2 m_1}{I + R^2(m_1 + m_2)} m_2 g,$$

$$\frac{d^2 z_1}{dt^2} = -\frac{R^2(m_1 - m_2)}{I + R^2(m_1 + m_2)} g \tag{11.19}$$

と求まる．

ここで 2 つの質点の質量 m_1 と m_2 の差が小さい極限を考えよう．改めて $m_1 = m_2 + \delta m$ とおくと，

$$\frac{d^2 z_1}{dt^2} \simeq -\frac{R^2 g}{I + 2m_1 R^2} \delta m \tag{11.20}$$

と，質点の加速度が δm に比例することになり，またその値が小さくなるので加速度を正確に測定することができる．式 (11.20) を用いて重量加速度 g を精度よく決定することができる (Atwood の装置)．

章末問題 11

11.1 図 11.7 に示した質量が M の一様な円柱の z 軸まわりの慣性モーメントを計算せよ．

11.2 図 11.6 に示した滑車と 2 つの質点からなる系について考える．滑車を時計回りに角速度 ω_0 で回した．この滑車の回転が止まるまでの時間を求めよ．また止まったときに質点 1 はどれだけ上がっているか？

11.3 長さが L で質量が M のはしごを水平な床から角度 θ で壁に立てかけてある．床の面は荒く，はしごとの静止摩擦係数を μ とする．一方，壁はなめらかであるとする．

a. はしごの重心が中央にあるとすると，はしごが床から受ける摩擦力を求めよ．

b. このはしごに質量が m の人が乗ったとき，はしごが滑らないようにするには乗る位置をどのようにすればよいか？

11.4 鉛直な固定軸のまわりを摩擦がなく回転できる半径が r の一様な円板がある．円板の固定軸まわりの慣性モーメントを I とする．静止した状態の円板の縁に質量が m の虫を置いたところ，円周に沿って歩き始めた．この間，円板と虫の全角運動量は保存される．このことより，この虫が円板を一周する間に円板が回転する角度はいくらか？

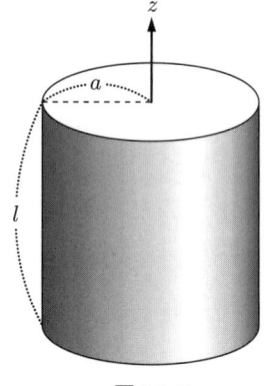

図 11.7

12

剛体の運動 II

この章では引き続き，変形が無視できる剛体の運動について学ぶ．まず慣性モーメントに関する 2 つの定理を証明した後，実体振り子と剛体の平面運動について学ぶ．

12.1 慣性モーメントについての定理

前節の後半では剛体の慣性モーメントを導入したが，この節ではこの慣性モーメントに関する 2 つの重要な定理を証明しよう．

垂直軸の定理

図 12.1 のように薄い板状の剛体を考える．剛体は xy 平面内に存在し，剛体内の 1 点 O(座標原点) を通り剛体に垂直な直線を z 軸とする．このとき，O は重心である必要はない．x 軸，y 軸および z 軸まわりの慣性モーメントをそれぞれ I_x, I_y, I_z とすると，以下の関係式が成り立つ．

$$I_z = I_x + I_y \tag{12.1}$$

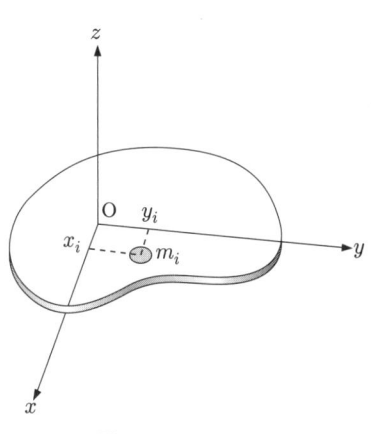

図 12.1

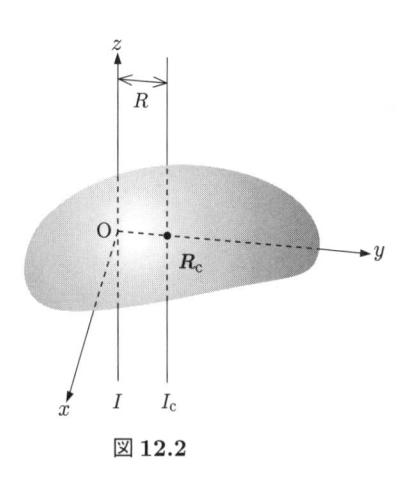

証明

簡単のため離散化した質点の集まりの形で証明しよう．定義からそれぞれ，

$$I_z = \sum_i (x_i{}^2 + y_i{}^2) m_i, \quad I_x = \sum_i x_i{}^2 m_i, \quad I_y = \sum_i y_i{}^2 m_i \tag{12.2}$$

上式 (12.2) より，式 (12.1) は明らかに成り立つ．

平行軸の定理

任意の 3 次元剛体を考える．図 12.2 のように 1 つの軸 (z 軸) まわりの慣性モーメントを I とし，それと平行で重心を通る軸まわりの慣性モーメントを I_c とする．剛体の質量を M, 2 つの平行な軸の距離を R_c とすると，I と I_c の間には次の関係が成り立つ．

$$I = I_c + M R_c{}^2 \tag{12.3}$$

図 12.2

証明

同様に多体系の形式で証明する．重心を通る軸を z 軸に平行移動したときに重心と重なる点を O とする．点 O からの i 番目の質点の位置ベクトル $\boldsymbol{r}_i$ と重心から見た位置ベクトル $\boldsymbol{r}_i{}'$ は

$$\boldsymbol{r}_i = \boldsymbol{r}_i{}' + \boldsymbol{R}_c \tag{12.4}$$

という関係で結ばれている．ここで $\boldsymbol{R}_\mathrm{c}$ は点 O から見た重心座標である．また，それぞれの慣性モーメントは

$$I = \sum_i (x_i{}^2 + y_i{}^2) m_i,$$

$$I_\mathrm{c} = \sum_i \left\{ (x_i')^2 + (y_i')^2 \right\} m_i \tag{12.5}$$

である．式 (12.5) の第 1 式に式 (12.4) を代入すると

$$I = \sum_i \left[\left\{ (x_i')^2 + (y_i')^2 \right\} m_i + \left\{ (x_\mathrm{c})^2 + (y_\mathrm{c})^2 \right\} m_i + 2x_\mathrm{c} x_i' m_i + 2y_\mathrm{c} y_i' m_i \right]$$

$$= I_\mathrm{c} + R_\mathrm{c}{}^2 M \tag{12.6}$$

ここで

$$\sum_i x_i' m_i = \sum_i y_i' m_i = 0 \tag{12.7}$$

および

$$(x_\mathrm{c})^2 + (y_\mathrm{c})^2 = R_\mathrm{c}{}^2$$

を使った．

12.2　実体振り子

これまでは剛体の慣性モーメントの求め方や，剛体の運動方程式の一般論について学んできたが，これからは実際の剛体の運動の例をいくつか考えみよう．

まず最初の例は，図 12.3 に示したように水平な固定軸につるされた剛体の，重力による振動運動である．この水平軸は剛体を貫いているが，剛体の重心は水平軸とは別なところにあるとする．固定軸が回転軸となるので，これを z 軸ととることにしよう．鉛直下方を x 軸，z および x 軸と垂直な水平軸を y 軸とする．剛体の重心を含む xy 平面と z 軸の交点を座標の

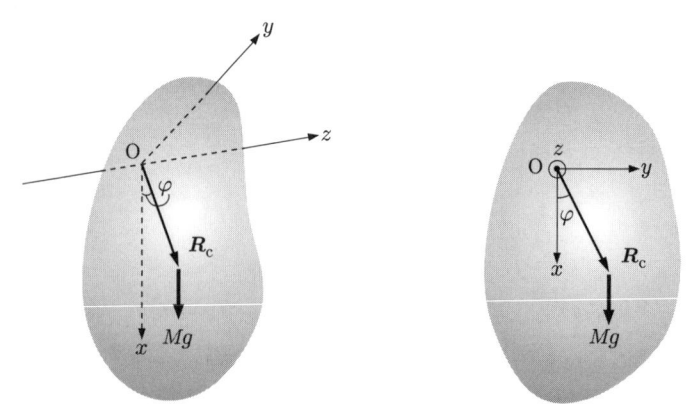

図 **12.3**

原点 O とし，図 12.3 のように x 軸と重心の位置座標 $\boldsymbol{R}_\mathrm{c}$ のなす角度を φ とする．φ は反時計回りに測ることにする．

剛体の回転の運動方程式は z 軸まわりの慣性モーメントを I_z とすると，前章で学んだように

$$I_z \frac{\mathrm{d}^2\varphi}{\mathrm{d}t^2} = N_z \tag{12.8}$$

となる．ここで N_z は重力による力のモーメントの z 成分である．重力 $\boldsymbol{F}$ は剛体の質量を M とすると

$$\boldsymbol{F} = Mg\boldsymbol{e}_x \tag{12.9}$$

であるので，

$$N_z = [\boldsymbol{R}_\mathrm{c} \times Mg\boldsymbol{e}_x]_z = -R_\mathrm{c}Mg\sin\varphi \tag{12.10}$$

となる．

例題 12.1 式 (12.10) を外積の行列式表現を用いて示せ．

解 $\boldsymbol{R}_\mathrm{c} = R_\mathrm{c}(\cos\varphi, \sin\varphi, 0)$ と式 (12.9) より，外積の行列式表現を使うと

$$\boldsymbol{N} = R_\mathrm{c}Mg \begin{vmatrix} \boldsymbol{e}_x & \boldsymbol{e}_y & \boldsymbol{e}_z \\ \cos\varphi & \sin\varphi & 0 \\ 1 & 0 & 0 \end{vmatrix} = -R_\mathrm{c}Mg\sin\varphi \, \boldsymbol{e}_z$$

となる．

式 (12.10) を方程式 (12.8) に代入すると，

$$I_z \frac{\mathrm{d}^2\varphi}{\mathrm{d}t^2} = -R_\mathrm{c}Mg\sin\varphi \tag{12.11}$$

となる．この方程式は第 8 章で学んだ単振り子の方程式とまったく同じ構造をしている．そこで行ったのと同じ近似を用いて $\varphi \ll 1$ では $\sin\varphi \sim \varphi$ とおけることより，方程式 (12.11) は

$$I_z \frac{\mathrm{d}^2\varphi}{\mathrm{d}t^2} = -R_\mathrm{c}Mg\varphi \tag{12.12}$$

となる．式 (12.12) はバネの単振動方程式と同じ形をしているので，その解は三角関数で与えられる．一般解は積分定数を A, B あるいは C, α として

$$\varphi(t) = A\sin\omega t + B\cos\omega t = C\sin(\omega t + \alpha) \tag{12.13}$$

となる．ただし，角振動数 ω は

$$\omega = \sqrt{\frac{MgR_\mathrm{c}}{I_z}} \tag{12.14}$$

である．これより実体振り子の周期 T は

$$T = \frac{2\pi}{\omega} = 2\pi\sqrt{\frac{I_z}{MgR_\mathrm{c}}} \tag{12.15}$$

となり，単振り子の周期と比べると長さが $l = \dfrac{I_z}{MR_c}$ の単り振子と同じであることがわかる．

例題 12.2 式 (12.13), (12.14) が方程式 (12.12) の解であることを示せ．

解 式 (12.13) を t で 2 回微分すると，
$$\frac{d^2\varphi}{dt^2} = -\omega^2 C \sin(\omega t + \alpha) = -\frac{R_c Mg}{I_z}\varphi$$
となり，示せた．

12.3 剛体の平面運動

すでに学んだように剛体の運動を記述する運動方程式は6つの成分から成り立っている．一般的にこの6つの連立微分方程式を解くのは困難である．しかしながら剛体の運動が制限されている場合には，解くべき微分方程式の数が少なくなり，取り扱いが易しくなる．前節で調べた実体振り子の場合には固定軸まわりの回転のみを考えればよく，自由度は回転角 $\varphi(t)$ のみであった．この節ではもう1つ自由度が増える場合として，図12.4に示すように球形，あるいは円柱形の剛体が斜面に沿って転げ落ちる問題を考えよう．このような運動では，剛体の任意の点は斜面に垂直な平面内で運動をすることとなる．

図12.5のように斜面に沿って落下する方向を x 軸として，斜面に垂直な方向に y 軸をとろう．z 軸はその2つの座標軸に垂直な剛体の回転軸の方向となる．球形，あるいは円柱形の剛体に作用する力は鉛直下方に重力 Mg, 斜面に垂直な抗力 N, および斜面に平行に働く摩擦力 F である．斜面の角度を θ とすると，剛体の重心座標 $\boldsymbol{R}_c = (X, Y, Z)$ の満たす方程式は，

$$M\frac{d^2 X}{dt^2} = Mg\sin\theta - F, \quad M\frac{d^2 Y}{dt^2} = N - Mg\cos\theta \tag{12.16}$$

となる．いま考えている剛体は斜面から離れることがないので $\dfrac{d^2 Y}{dt^2} = 0$ が成り立ち，これより直ちに抗力 $N = Mg\cos\theta$ と求まる．

次に回転の運動方程式を考えよう．剛体の半径を l とし，重心を通り z 軸に平行な軸まわりの慣性モーメントを I, 角速度を ω とすると，方程式は

$$I\frac{d\omega}{dt} = lF \tag{12.17}$$

となる．ここで重力 Mg は重心に作用し，また抗力 $\boldsymbol{N}$ は重心から作用点までのベクトルと平行であることより，回転の運動方程式には寄与しないことを用いた．方程式 (12.16) の第1式，および (12.17) より求めなくてはならないのは $X(t), \omega(t)$ および F であることに注意をすると，1つ条件式が

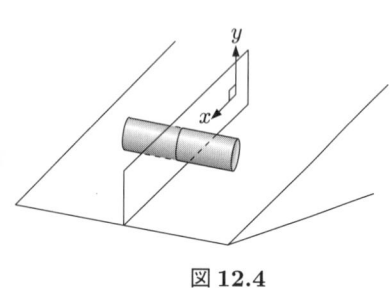

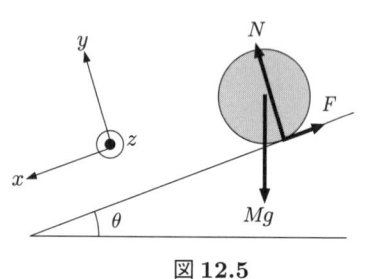

足りないことに気が付く．その条件とは，次のような斜面に沿った重心の移動と剛体の回転の間の関係式である．

$$\frac{\mathrm{d}X}{\mathrm{d}t} = l\omega \tag{12.18}$$

式 (12.18) は，剛体が滑ることなく転げ落ちるための条件であることに注意しよう．

式 (12.16),(12.17) および (12.18) より，重心の加速度 $\frac{\mathrm{d}^2 X}{\mathrm{d}t^2}$ を求めることは難しくない．実際 (12.18) を時間 t で微分すると

$$\frac{\mathrm{d}^2 X}{\mathrm{d}t^2} = l\frac{\mathrm{d}\omega}{\mathrm{d}t}$$

となり，この式と式 (12.16),(12.17) より

$$\frac{\mathrm{d}^2 X}{\mathrm{d}t^2} = \frac{1}{1 + \frac{I}{Ml^2}} g\sin\theta = 一定 \tag{12.19}$$

と求まる．式 (12.19) を t について 2 回積分すれば一般解が得られる．

例題 12.3 式 (12.19) を導け．

解 式 (12.18) と (12.17) より，

$$\frac{\mathrm{d}^2 X}{\mathrm{d}t^2} = \frac{l^2}{I} F$$

また，式 (12.16) より

$$F = Mg\sin\theta - M\frac{\mathrm{d}^2 X}{\mathrm{d}t^2}$$

を使うと

$$\frac{\mathrm{d}^2 X}{\mathrm{d}t^2} = \frac{l^2}{I}\left(Mg\sin\theta - M\frac{\mathrm{d}^2 X}{\mathrm{d}t^2}\right)$$

これより式 (12.19) が導かれる．

式 (12.19) から明らかなように，慣性モーメント I が大きいほど，剛体の重心の加速度は小さくなる．特に $I = 0$ のとき，つまり剛体の大きさや太さが無視できるほど小さいとき，剛体の重心の加速度は斜面を滑り落ちる質点の加速度と同じになる．これは I がゼロでないなら回転により剛体が回転運動エネルギー $\frac{1}{2}I\omega^2$ を得るが，$I = 0$ の場合，重力の位置エネルギーがすべて並進運動エネルギーに変わるからである．

ここで具体的に剛体の運動での力学的エネルギーの保存則を見てみよう．$t = 0$ における剛体の速度をゼロとし，またそのときの剛体の重心座標を X 座標の原点とする．この条件で方程式 (12.19) を解くと，

$$\frac{\mathrm{d}X}{\mathrm{d}t} = \frac{1}{1 + \frac{I}{Ml^2}} g\sin\theta \cdot t, \tag{12.20}$$

$$X(t) = \frac{1}{2}\frac{1}{1+\frac{I}{Ml^2}}g\sin\theta \cdot t^2 \tag{12.21}$$

と求まる．これより

$$\omega = \frac{1}{l+\frac{I}{Ml}}g\sin\theta \cdot t \tag{12.22}$$

となる．剛体の運動エネルギーは**重心の運動による運動エネルギーと剛体の回転による運動エネルギーの和である**．具体的に計算すると

$$\frac{1}{2}M\left(\frac{dX}{dt}\right)^2 + \frac{1}{2}I\omega^2 = \frac{1}{2}(Ml^2+I)\omega^2$$
$$= \frac{1}{2}\frac{M}{1+\frac{I}{Ml^2}}g^2\sin^2\theta \cdot t^2$$

一方，重心の x 座標が X のときの位置エネルギーの減少は

$$MgX\sin\theta = Mg\frac{g\sin\theta}{2(1+\frac{I}{Ml^2})}t^2\sin\theta = \frac{1}{2}\frac{M}{1+\frac{I}{Ml^2}}g^2\sin^2\theta \cdot t^2 \tag{12.23}$$

となり，力学的エネルギーの保存則が満たされていることが確かめられた．剛体の運動には摩擦力が現れるが，剛体が滑ることなく斜面を運動するときには摩擦力は仕事をしないことがわかる．

章末問題 12

12.1 実体振り子の運動方程式の解 (12.13) と (12.14) を用いて，力学的エネルギーが保存することを示せ．

12.2 12.2 節で考えた実体振り子を角度 φ_0 だけ傾けて静かに離した．時間 t だけ経ったときの角速度を求めよ．

12.3 図 12.6 に示したように質量が M で半径が R の一様な円板形のヨーヨーを考える．第 11 章で計算したように重心まわりの慣性モーメントは $I = \frac{1}{2}MR^2$ である．このヨーヨーについて以下の問いに答えよ．

a. ヨーヨーに糸を巻きつけた後，糸の端を持って一定の高さに固定し，ヨーヨーを落下させるときの重心の加速度を求めよ．

b. 重心の位置を一定に保つために必要な糸の端を引き上げる加速度．

図 12.6

12.4 質量が m で半径が a のボールを斜面の下側から斜面に沿って初速度 v_0 で投げ上げた．ボールは斜面を滑ることなく運動するとして，到達する高さを求めよ．ただし，このボールの重心まわりの慣性モーメント I は $I = \frac{2}{5}ma^2$ である．

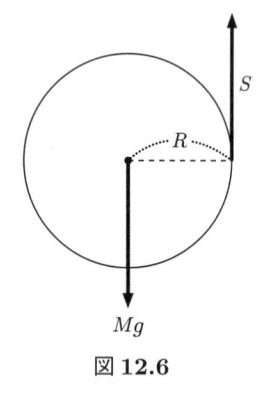

13

座標変換と相対運動：回転座標系

第3章では慣性座標系に並進運動している座標系で観測される運動について考察し，見かけの力として慣性力が現れることをみた．この章では回転する座標系について考え，見かけの力として遠心力，コリオリの力が現れることを学ぶ．

13.1 円錐振り子と回転座標系

まず例として図13.1のように天井に一端を固定されたひもに質量が m の質点を付け，鉛直下方より角度 θ を保ちつつ角速度 ω_0 で反時計まわりに回転する系を考える．ひもの長さを l とすると回転半径は $l\sin\theta$ である．鉛直上方を z 軸，回転面を xy 座標平面とし，回転中心を原点としよう．このような系を，円錐振り子と呼ぶ．

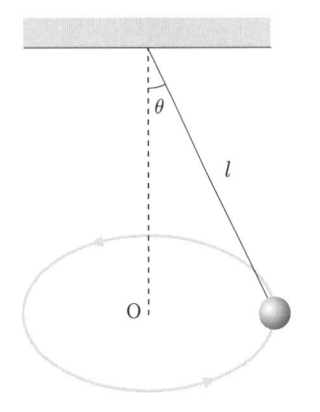

図13.1に示すように，慣性系 (S-系) にいる静止した観測者はこの現象をみて，xy 面内に原点方向に重力とひもの張力の合力 $\boldsymbol{F}_{xy}$ が働き，その結果等速円運動が起きていると考えるであろう．この合力の大きさは $mg\tan\theta$ である．また質点の原点方向の加速度は，回転速度 v が $v = l\omega_0\sin\theta$ であることより $\dfrac{v^2}{l\sin\theta} = \omega_0^2 l\sin\theta$ となるので

$$mg\tan\theta = m\omega_0^2 l\sin\theta \tag{13.1}$$

が成り立ち，角速度 ω_0 は $\omega_0 = \sqrt{\dfrac{g}{l\cos\theta}}$ と求まる．

例題 13.1 質点に働く合力の大きさが $mg\tan\theta$ となることを示せ．

解 図13.2に示した通り，合力と重力の作る三角形の頂角が θ であることより，合力の大きさは $mg\tan\theta$ となる．

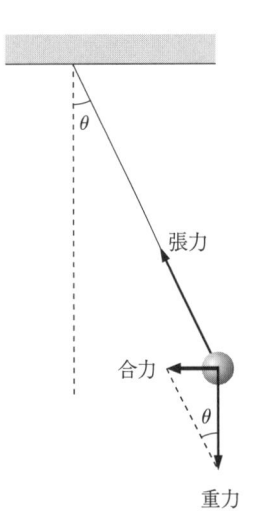

角速度 ω_0

図 **13.1**

図 **13.2**

この問題を z 座標を軸に角速度 ω で回転する座標系 (S′-系) で考えてみよう．S′-系の座標を (x',y',z') とすると，座標系のとり方から $z = z'$ となり，本質的に xy 平面内での変換を考えればよいことになる．それぞれの座標について単位ベクトルを導入すると，質点 P の位置ベクトル $\boldsymbol{r} = (x,y)$ (S-系) $\boldsymbol{r} = (x',y')$ (S′-系) は (z 座標は一定なので無視すると)，

$$\boldsymbol{r} = x\boldsymbol{e}_x + y\boldsymbol{e}_y = x'\boldsymbol{e}_{x'} + y'\boldsymbol{e}_{y'} \tag{13.2}$$

となる．また質点に作用する力を一般的に $\boldsymbol{F}$ とすると，その xy 面内成分

F_{xy} は

$$F_{xy} = F_x e_x + F_y e_y = F_{x'} e_{x'} + F_{y'} e_{y'} \tag{13.3}$$

と書ける.

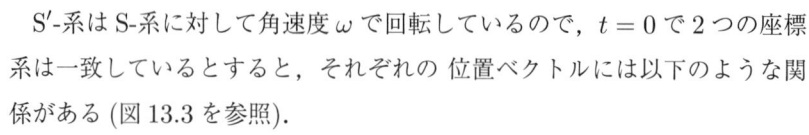

S'-系は S-系に対して角速度 ω で回転しているので，$t = 0$ で 2 つの座標系は一致しているとすると，それぞれの位置ベクトルには以下のような関係がある (図 13.3 を参照).

$$e_{x'} = \cos\omega t \, e_x + \sin\omega t \, e_y,$$
$$e_{y'} = -\sin\omega t \, e_x + \cos\omega t \, e_y \tag{13.4}$$

式 (13.4) より S'-系の単位ベクトルの時間変化を求めると

$$\frac{de_{x'}}{dt} = \omega \, e_{y'}, \quad \frac{de_{y'}}{dt} = -\omega \, e_{x'} \tag{13.5}$$

となる.

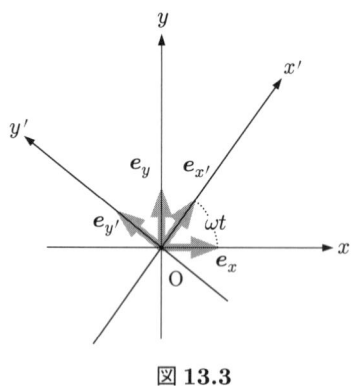

例題 13.2 式 (13.5) を示せ.

解 式 (13.4) より

$$\frac{de_{x'}}{dt} = -\omega \sin\omega t \, e_x + \omega \cos\omega t \, e_y = \omega \, e_{y'}$$

となる. $e_{y'}$ についても同様に示せる.

式 (13.2) および (13.5) から，第 8 章で極座標について行ったのと同様な計算を行うと，

$$\frac{dr}{dt} = \left(\frac{dx'}{dt} - \omega \, y'\right) e_{x'} + \left(\frac{dy'}{dt} + \omega \, x'\right) e_{y'} \tag{13.6}$$

が示せる. さらにもう一度 (13.6) の両辺を t で微分すると

$$\frac{d^2 r}{dt^2} = \left(\frac{d^2 x'}{dt^2} - 2\omega \frac{dy'}{dt} - \omega^2 x'\right) e_{x'} + \left(\frac{d^2 y'}{dt^2} + 2\omega \frac{dx'}{dt} - \omega^2 y'\right) e_{y'} \tag{13.7}$$

となる.

S-系は慣性系であるので，通常の運動方程式が成り立つ,

$$m \frac{d^2 r}{dt^2} = F. \tag{13.8}$$

この慣性系での運動方程式 (13.8) に上で求めた変換則 (13.7) を代入して整理すると，回転をしている S'-系での運動方程式が次のように求まる.

$$m \frac{d^2 x'}{dt^2} = F_{x'} + 2m\omega \frac{dy'}{dt} + m\omega^2 x',$$
$$m \frac{d^2 y'}{dt^2} = F_{y'} - 2m\omega \frac{dx'}{dt} + m\omega^2 y'. \tag{13.9}$$

図 13.3

上の S′-系での運動方程式 (13.9) は，一定の角速度 ω で回転している座標系でみた質点の運動について，一般的に成り立つ運動方程式であることに注意しよう．

13.2　遠心力とコリオリの力

　前節で一般的な回転座標系での運動方程式 (13.9) が得られたので，円錐振り子の問題に戻ろう．まず，S′-系を円錐振り子の質点と同じ角速度で回転している座標系とする．このとき式 (13.9) において $\omega = \omega_0$ であるが，S′-系では質点は静止しているので速度，加速度ともにゼロである．したがって，式 (13.9) に $\omega = \omega_0$, $\dfrac{\mathrm{d}x'}{\mathrm{d}t} = \dfrac{\mathrm{d}y'}{\mathrm{d}t} = 0$ を代入して

$$m\frac{\mathrm{d}^2 x'}{\mathrm{d}t^2} = F_{x'} + m\omega_0{}^2 x' = 0,$$

$$m\frac{\mathrm{d}^2 y'}{\mathrm{d}t^2} = F_{y'} + m\omega_0{}^2 y' = 0 \tag{13.10}$$

を得る．これより期待される結果

$$F_{x'} = -m\omega_0{}^2 x', \quad F_{y'} = -m\omega_0{}^2 y' \tag{13.11}$$

が導かれる．式 (13.10), (13.11) は質点に作用する合力 $\boldsymbol{F}_{xy}$ と，見かけの力

$$\boldsymbol{F}^{\mathrm{C}} = m\omega_0{}^2 \left(x' \boldsymbol{e}_{x'} + y' \boldsymbol{e}_{y'} \right) = m\omega_0{}^2\, \boldsymbol{r}' \tag{13.12}$$

が釣り合っていることを示している[1]．この見かけの力 $\boldsymbol{F}^{\mathrm{C}}$ を**遠心力**と呼ぶ．

　運動方程式 (13.9) には遠心力以外に S′-系における質点の速度 $\dfrac{\mathrm{d}\boldsymbol{r}'}{\mathrm{d}t} = \left(\dfrac{\mathrm{d}x'}{\mathrm{d}t}, \dfrac{\mathrm{d}y'}{\mathrm{d}t} \right)$ に依存する項が含まれる．この見かけの力を**コリオリの力**と呼ぶ．ベクトル表現でコリオリの力 $\boldsymbol{F}^{\mathrm{CO}}$ を表すと，

$$\boldsymbol{F}^{\mathrm{CO}} = 2m\omega \frac{\mathrm{d}y'}{\mathrm{d}t} \boldsymbol{e}_{x'} - 2m\omega \frac{\mathrm{d}x'}{\mathrm{d}t} \boldsymbol{e}_{y'} \tag{13.13}$$

であり，S′-系における質点の速度 $\dfrac{\mathrm{d}\boldsymbol{r}'}{\mathrm{d}t}$ と内積をとると，

$$\boldsymbol{F}^{\mathrm{CO}} \cdot \frac{\mathrm{d}\boldsymbol{r}'}{\mathrm{d}t} = 2m\omega \frac{\mathrm{d}y'}{\mathrm{d}t}\frac{\mathrm{d}x'}{\mathrm{d}t} - 2m\omega \frac{\mathrm{d}x'}{\mathrm{d}t}\frac{\mathrm{d}y'}{\mathrm{d}t} = 0 \tag{13.14}$$

より，コリオリの力は S′-系における質点の速度と直角の方向に作用することがわかる．

　コリオリの力の存在を理解するために，今度は角速度 $\omega \neq \omega_0$ で回転している系で運動方程式 (13.9) を考えてみよう．このときも質点に作用する実際の力は先に求めたように $\boldsymbol{F}_{xy} = -m\omega_0{}^2 \boldsymbol{r}$ である．これに対して角速度 ω で回転する系での遠心力 $\boldsymbol{F}^{\mathrm{C}}$ は $m\omega^2 \boldsymbol{r}$ である．S′-系では質点は角速度

---

[1] 特に S′-系でみた位置ベクトルを表すとき，$\boldsymbol{r}' = x' \boldsymbol{e}_{x'} + y' \boldsymbol{e}_{y'}$ と書くことにする．

$\omega_0 - \omega$ で回転しているから，

$$\frac{dx'}{dt} = -(\omega_0 - \omega)y',$$

$$\frac{dy'}{dt} = (\omega_0 - \omega)x' \tag{13.15}$$

である．式 (13.15) をもう一度時間で微分することより，運動方程式 (13.9) の左辺は

$$m\frac{d^2\boldsymbol{r}'}{dt^2} = -m(\omega_0 - \omega)^2 \boldsymbol{r}' \tag{13.16}$$

であることがわかる．以上の式を運動方程式 (13.9) の両辺に代入すると，確かに運動方程式が成り立っていることが確かめられる．

例題 13.3 運動方程式 (13.9) が成り立っていることを確かめよ．

解 合力 $\boldsymbol{F}_{xy} = -m\omega_0^2 \boldsymbol{r}'$．遠心力 $\boldsymbol{F}^{\mathrm{C}} = m\omega^2 \boldsymbol{r}'$．および式 (13.15) より，

$$-m\omega_0^2 x' + 2m\omega(\omega_0 - \omega)x' + m\omega^2 x' = -m(\omega_0 - \omega)^2 x' = m\frac{d^2 x'}{dt^2}$$

y 成分についても同様に示せる．

上の状況でのコリオリの力を具体的に書くと

$$F_{x'}^{\mathrm{CO}} = 2m\omega \frac{dy'}{dt} = 2m\omega(\omega_0 - \omega)x'$$

$$F_{y'}^{\mathrm{CO}} = -2m\omega \frac{dx'}{dt} = 2m\omega(\omega_0 - \omega)y' \tag{13.17}$$

となり，S'-系の回転速度 ω の大小により，その方向を変えることがわかる．さらに式 (13.17) は，コリオリの力は S'-系での質点の進行方向にたいして常に右方向に働くことを示している (図 13.4 参照)．この事実は考えている円錐振り子が反時計まわりに回転していることによる．以上の考察より，コリオリ力 $\boldsymbol{F}^{\mathrm{CO}}$ は回転座標の角速度 ω の大小により遠心力 $\boldsymbol{F}^{\mathrm{C}}$ と互いに移り変わることがわかる．

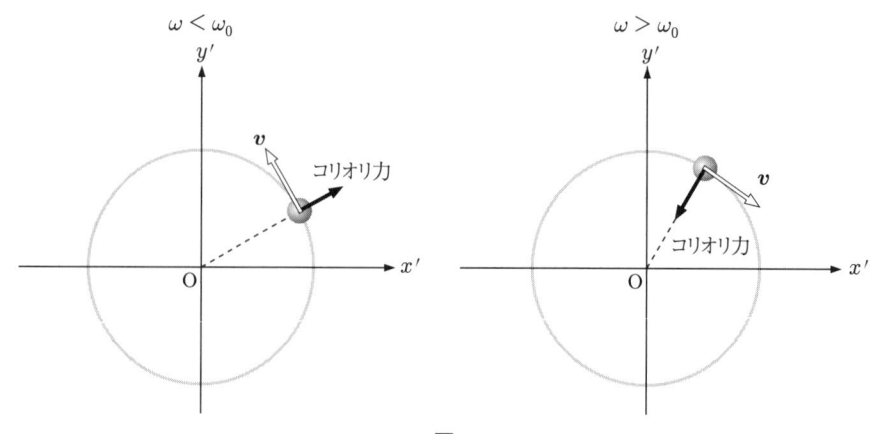

図 13.4

図 13.5 に台風の目のまわりの空気の動きを示す．コリオリの力の存在により北半球では，台風の目に吹き込む空気は常に進行方向に対して右方向にずれることになる．このため北半球では台風の渦は反時計まわりとなる．

ここで具体的な例を使って，遠心力とコリオリの力の大きさを計算してみよう．半径が 2 m の水平円板がその中心を軸として反時計回りに角度速度 $\omega = \frac{\pi}{8}$ [1/s] で回っている．この円板の端に静止した体重が 50 kg の人が受ける遠心力は

$$mr\omega^2 = 50 \text{ kg} \cdot 2 \text{ m} \cdot \frac{\pi^2}{8^2} \text{ s}^{-2} = 15.4 \text{ N} \tag{13.18}$$

となる．一方，乗っていた自動車が半径 2 m の円弧を描き急カーブをした．このときの角速度を $\omega = \frac{\pi}{2}$ [1/s] とすると，受ける遠心力は

$$mr\omega^2 = 50 \text{ kg} \cdot 2 \text{ m} \cdot \frac{\pi^2}{2^2} \text{ s}^{-2} = 246 \text{ N} \tag{13.19}$$

であり，ほぼ 25 kg 重である．

一方，上の水平円板の端に静止していた人が円板に対して反時計回りに角速度 $\Delta\omega = \frac{\pi}{4}$ [1/s] で歩き始めると，式 (13.17) で $\omega = \frac{\pi}{8}$ [1/s], $\omega_0 = \frac{\pi}{8} + \frac{\pi}{4} = \frac{3\pi}{8}$ [1/s] より，

$$F_{x'}^{\text{CO}} = 2m\omega(\omega_0 - \omega)x' = 2 \cdot 50 \cdot \frac{\pi}{8} \cdot \frac{\pi}{4} \cdot x' \text{ [N]}$$

$$F_{y'}^{\text{CO}} = 2m\omega(\omega_0 - \omega)y' = 2 \cdot 50 \cdot \frac{\pi}{8} \cdot \frac{\pi}{4} \cdot y' \text{ [N]} \tag{13.20}$$

となるので，その大きさは

$$|\boldsymbol{F}^{\text{CO}}| = 2 \cdot 50 \cdot \frac{\pi}{8}\frac{\pi}{4} \cdot 2 \text{ N} = 61.6 \text{ N} \tag{13.21}$$

と求まる．

章末問題 13

13.1 半径が 20 m の円形道路を時速 50 km で走っている自動車の内部につるしたおもりを付けた糸はどのように傾くか？

13.2 ある遊園地のジェットコースターには鉛直面内を円運動をしながら 360 度回転する部分がある．このジェットコースターが安全であるためにはこの部分での最小の速度はいくらか？ ただし，円運動の半径を 10 m とする．

13.3 南半球での低気圧に吹き込む風について考察せよ．

13.4 北半球における偏西風について考察せよ．

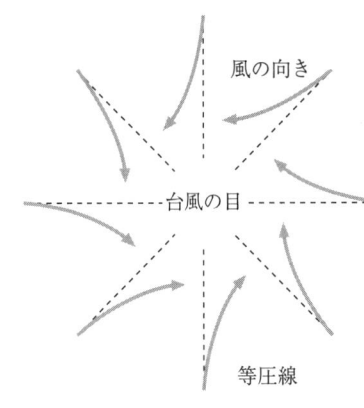

章末問題解答

第 1 章

1.1 $r = A + \alpha(B - A)$, ここで α は実数のパラメター.

1.2 $(A + B)^2 = (A - B)^2$ より $A \cdot B = 0$, 直交する

1.3 $\dfrac{dr}{dt} = (-2abt\sin(bt^2), 2abt\cos(bt^2))$,

$\dfrac{d^2 r}{dt^2} = (-2ab\sin(bt^2) - 4ab^2 t^2 \cos(bt^2), 2ab\cos(bt^2) - 4ab^2 t^2 \sin(bt^2))$

1.4 $r = A + \alpha(B - A) + \beta(C - A)$, ここで α, β は実数のパラメター.

1.5 $\left(e^{i\frac{\pi}{4}}\right)^2 = \left(\cos\dfrac{\pi}{4} + i\sin\dfrac{\pi}{4}\right)^2 = \left(\dfrac{1}{\sqrt{2}} + i\dfrac{1}{\sqrt{2}}\right)^2 = i$

第 2 章

2.1 $500\,\text{m} = \dfrac{1}{2}gt^2$, $t = \sqrt{\dfrac{1000}{9.8}}\,\text{s} = 10.1\,\text{s}$, $v = gt = 99\,\text{m/s}$

2.2 $F = 3\,\text{kg} \times 7\,\text{m/s}^2 = 21\,\text{N}$

2.3 $\dfrac{mg}{R} = \dfrac{2g\rho r^2}{9\mu} = 1.25 \times r^2 \times 10^8\,\text{m}$

$r = 0.3 \times 10^{-3}\,\text{m}$, $\dfrac{mg}{R} = 11\,\text{m/s}$

2.4 $-z_0 = -\dfrac{1}{2}gt_0^2 + (v_0 \sin\theta)t_0$, $t_0 = \dfrac{1}{g}\left[v_0\sin\theta + \sqrt{(v_0\sin\theta)^2 + 2gz_0}\right]$

到達距離 $= v_0 \cos\theta\, t_0$

2.5 加速度を a とすると，はじめの 2 秒間に進む距離は $l = \left.\dfrac{at^2}{2}\right|_{t=2} = 2a$,

8 秒間に進む距離は速度が $2a$ なので，$L = 16a$ である．これより
$2a + 16a = 100\,\text{m}$.
$a = \dfrac{100}{18}\,\text{m/s}^2$, 力 $= 80 \times \dfrac{100}{18} = 444\,\text{N}$.

2.6 $v_x = v_0 \cos\theta$, $v_z(0) = v_0 \sin\theta$,

$v_z(t) = v_0 \sin\theta - gt$, $z(t) = v_0 \sin\theta\, t - \dfrac{1}{2}gt^2 + z(0)$

これより
$v^2(t) = v_0^2 \cos^2\theta + v_z^2(t) = v_0^2 - 2g(z(t) - z(0))$

第 3 章

3.1 速度 $= \dfrac{60 \times 10^3}{60 \times 60} = \dfrac{10^2}{6}\,\text{m/s}$, 加速度 $= \dfrac{5}{9}\,\text{m/s}^2$

慣性力 $= \dfrac{5}{9} \times 50 = 28\,\text{N}$

3.2 加速度 $= \dfrac{10}{3}\,\text{m/s}^2$, 慣性力 $= \dfrac{10}{3} \times 50 = 166\,\text{N}$

3.3 合力 $= mg + ma$, 加速度 $= g + a$, 時間 $= \dfrac{v_0}{g + a}$

第 4 章

4.1 $k = \dfrac{10}{3}$ gw/cm $= \dfrac{1}{3}$ kgw/m $= \dfrac{9.8}{3}$ N/m

$$T = 2\pi\sqrt{\dfrac{3 \times 10^{-2}}{9.8}} \text{ kg} \cdot \text{m/N} = 0.35 \text{ s}$$

4.2 $t = 0$ で手を離したとすると，一般解は $x(t) - x_0 = C\cos\omega t$. t で 0.2 m なので，$C = 0.2$ m.

$$\omega = \sqrt{\dfrac{100 \text{ N/m}}{3 \text{ kg}}} = \dfrac{10}{\sqrt{3}} \text{ s}^{-1}$$

最大速度 $= C\omega = 1.7$ m/s，到達時間 $= \dfrac{T}{4} = 0.27$ s

4.3 $T = \dfrac{2\pi}{\omega} = 3$ s, $\dfrac{k}{m} = \dfrac{4}{9}\pi^2$ s^{-2}

$$\dfrac{R}{2m} = \dfrac{1}{2} \text{ s}^{-1}$$

$$\alpha_I = \sqrt{\dfrac{4}{9}\pi^2 - \dfrac{1}{4}} = 2.0 \text{ s}^{-1}, \quad 周期 = 3.1 \text{ s}$$

4.4 中心を x 座標の原点とすると，物体の位置が x のとき，右側のバネから受ける力は $k(L-x-x_0)$. 一方，左側のバネから受ける力は $-k(L+x-x_0)$. これより

$$m\dfrac{\mathrm{d}^2 x}{\mathrm{d}t^2} = k(L-x-x_0) - k(L+x-x_0) = -2kx,$$

$\omega = \sqrt{\dfrac{2k}{m}}$ の振動をする．

第 5 章

5.1 $1500 \times \dfrac{60000}{(60 \times 60)} = 25000$ kg $\cdot$ m/s

$$2000 \cdot t = 25000, \quad t = 12.5 \text{ s}$$

$$加速度 = \dfrac{60000}{(60 \times 60 \times 12.5)} = 1.33 \text{ m/s}^2$$

$$距離 = -\dfrac{1.33}{2} \times (12.5)^2 + \dfrac{60000}{(60 \times 60)} \times 12.5 = 104 \text{ m}$$

5.2 鉛直上方

5.3 人体が静止するまでの時間を考えよ．

5.4 $\dfrac{130000}{(60 \times 60)} = 36.1$ m/s,

$$加速度 = a, \quad -\dfrac{a}{2}t^2 + 36.1 \times t = 0.2, \quad at = 36.1, \quad t = 0.0111 \text{ s}$$

$$力 = 0.2 \times \dfrac{36.1}{0.0111} = 650 \text{ N}$$

第 6 章

6.1 $\dfrac{\partial}{\partial y}(axy) = ax = \dfrac{\partial}{\partial x}(x^2 + y^2) = 2x, \quad a = 2$

$$V(x,y) = \int_0^y \mathrm{d}y' \, (x^2 + (y')^2) = -\left(x^2 y + \dfrac{1}{3}y^3\right)$$

6.2 **a.** $E = \frac{1}{2}m\left(\frac{dx(t)}{dt}\right)^2 + \frac{1}{2}k(x(t)-x_0)^2$

b. $\frac{dx(t)}{dt} = \omega A\cos\omega t, \ x(t)-x_0 = A\sin\omega t$

$$E = \frac{1}{2}m(\omega A\cos\omega t)^2 + \frac{1}{2}k(A\sin\omega t)^2 = 一定$$

$$m\omega^2 = k, \ \omega = \sqrt{\frac{k}{m}}, \ E = \frac{1}{2}kA^2$$

6.3 重力の斜面に平行な成分 $= 3$ kgw, 摩擦力 $= 0.2 \times 3\sqrt{3} = 1.04$ kgw

斜面に平行な力の大きさ $= 4.04$ kgw $= 39.6$ N

$$\frac{1}{2} \times 6 \times 5^2 = 39.6 \times l, \ l = 1.89 \text{ m}$$

$$\frac{39.6}{6}t = 5, \ t = 0.76 \text{ s}$$

6.4 $V(r) = -\int_\infty^r dr' \frac{1}{4\pi\epsilon_0}\frac{qQ}{(r')^2} = \frac{qQ}{4\pi\epsilon_0 r}$

6.5 **a.** $V = \frac{50}{2}(0.1)^2 = 0.25 J$

b. $\frac{m}{2}v^2 = 0.25 J, \ v = \sqrt{\frac{2\times 0.25}{5}} = 0.32$ m/s

第7章

7.1 各自考えよ.

7.2 回転するヨーヨーがもつ角運動量の向きが時間について一定になるように (回転面が一定になるように) 気をつける.

7.3 位置ベクトル $\boldsymbol{r}$ および運動量ベクトル $\boldsymbol{p}$ も, ともに角運動量ベクトル $\boldsymbol{L}$ と垂直である. ある時刻での位置ベクトルを $\boldsymbol{r}$ とすると Δt 後の位置ベクトルは $\boldsymbol{r} + \Delta t \cdot \frac{\boldsymbol{p}}{m}$. このことより $\boldsymbol{L}$ と垂直な平面内を運動する.

7.4 **a.** 角運動量は $\boldsymbol{r}(t) \times m\boldsymbol{v}(t)$ より, 紙面の表から裏に向かいその大きさは $v(t) = mgt$ より, $mgtR$ である.

b. 力のモーメントは $\boldsymbol{r}(t) \times \boldsymbol{F}$ より, Rmg. これより式 (7.17) が成立する.

7.5 $v = 50$ km/h $= 13.9$ m/s,

110 m $\times 1000$ kg $\times 13.9$ m/s $= 1.53 \times 10^6$ kg$\cdot$m^2/s

第8章

8.1 $T = 2\pi\sqrt{\frac{l}{g}}$ より, $\sqrt{6}$ 倍となる.

8.2 $S = mg\cos\varphi + ml\left(\frac{d\varphi}{dt}\right)^2 = mg - \frac{V}{l} + \frac{2T}{l}$

$$S = mg - \frac{mg}{2}C^2\sin^2(\omega t + \theta_0) + mgC^2\cos^2(\omega t + \theta_0)$$

8.3 前の問題より糸の張力 S は $S = mg - \frac{V}{l} + \frac{2T}{l}$ である. これより, 高さが最低の位置でされる仕事は $\epsilon\left(mg + \frac{2T_0}{l}\right)$, 振れが最大の位置でされる仕事は $-\epsilon\left(mg - \frac{V_0}{l}\right)$ である. ただし, $T_0 = V_0$ は最大の運動エネルギー

と位置エネルギーである．これより1周期で $2\epsilon\left(\dfrac{2T_0}{l}+\dfrac{V_0}{l}\right)=\dfrac{6\epsilon}{l}T_0$
だけエネルギーが増え，振幅が増加する．

8.4 $ml\dfrac{d^2\varphi}{dt^2}=-mg\varphi-Rl\dfrac{d\varphi}{dt},\ \dfrac{d^2\varphi}{dt^2}=-\dfrac{g}{l}\varphi-\dfrac{R}{m}\dfrac{d\varphi}{dt}$ となり
第4章で学んだ減衰振動の方程式に一致する．

8.5 a. $M\dfrac{d^2z}{dt^2}=Mg-S$

b. $m\dfrac{d^2r}{dt^2}=-S+\dfrac{m{v_\varphi}^2}{r}=-S+\dfrac{m(r_0v_0)^2}{r^3}$

c. $\dfrac{d^2z}{dt^2}=-\dfrac{d^2r}{dt^2}$ より, $(M+m)\dfrac{d^2r}{dt^2}=-Mg+\dfrac{m(r_0v_0)^2}{r^3}$,
この方程式からポテンシャルエネルギーを求めると，
$$V(r)=Mgr+\dfrac{m(r_0v_0)^2}{2r^2}$$
したがって，$r_M=\left(\dfrac{m}{Mg}(r_0v_0)^2\right)^{\frac{1}{3}}$ を中心に振動する．

第9章

9.1 a. 面積速度 $\dfrac{r^2}{2}\dfrac{d\varphi}{dt}$ が一定であること，および r が一定であることより，等速となる．

b. $-mr\left(\dfrac{d\varphi}{dt}\right)^2=-GmM\dfrac{1}{r^2}\Big|_{r=R}$

c. $\left(\dfrac{d\varphi}{dt}\right)^2=GM\dfrac{1}{R^3}=\dfrac{g}{R}$, ここで，$g=\dfrac{GM}{R^2}$ を使った．

$$T=\dfrac{2\pi}{\left(\dfrac{d\varphi}{dt}\right)}=\dfrac{2\pi}{\sqrt{\dfrac{g}{R}}}=5.2\times 10^3\text{ s}$$

$$v=\dfrac{2\pi R}{T}=7.7\text{ km/s}$$

9.2 静止衛星の周期 $T_0=\dfrac{2\pi}{\sqrt{\dfrac{gR^2}{(R+h)^3}}}=24\times 60\times 60\text{ s}=86400\text{ s}$,

$h=36000$ km, $V=(R+h)\dfrac{2\pi}{T_0}=3.0$ km/s

第10章

10.1 $\boldsymbol{R}_c=\dfrac{m_1\boldsymbol{r}_1+m_2\boldsymbol{r}_2}{m_1+m_2}=\boldsymbol{r}_1+\dfrac{m_2}{m_1+m_2}(\boldsymbol{r}_2-\boldsymbol{r}_1)$ より明らか．

10.2 板の上を人が歩くことにより，人と板は相互作用をしている．人の速度を $\boldsymbol{v}$，板の速度を $\boldsymbol{V}$ とすると，$m\boldsymbol{v}=M\boldsymbol{V}$ が成り立つ．また，板の中心を $x=0$ とし，人の立ち位置を $\dfrac{L}{2}$ とすると，重心の位置は
$X_c=\dfrac{L}{2}\dfrac{m}{m+M}$ となる．人が x 軸のマイナス方向に板の端まで歩いたときの板の重心の位置を x とすると，重心の位置は $X_c=\dfrac{Mx+(-\frac{L}{2}+x)m}{m+M}$
である．これより $x=\dfrac{m}{m+M}L$ と求まる．

10.3 $M_Av_A+mv=0$, $v_A=-\dfrac{mv}{M_A}$ で等速直線運動をする，

$mv=(M_B+m)v_B$, $v_B=\dfrac{mv}{M_B+m}$ で等速直線運動をする，

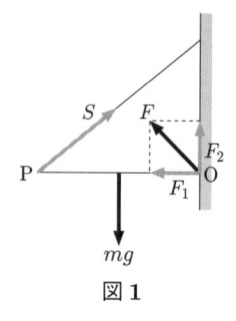

10.4 **a.** 図1に示すように，棚に作用する力は重力 mg，糸の張力 S およびちょうつがいから受ける力 F である．

b. Oを中心とする力のモーメントの和はゼロであるから，$mg = 2S\sin\theta$，
$$S = \frac{mg}{2\sin\theta}$$

c. 外力の和はゼロであるから，F の水平成分を F_1，鉛直上方成分を F_2 とすると，
$$F_1 = S\cos\theta = \frac{mg}{2}\cot\theta, \quad F_2 = mg - S\sin\theta = \frac{mg}{2}$$

図1

10.5 時計回りの棒の角度を φ とすると，支点まわりの全角運動量 L は
$$L = m(L_1^2 + L_2^2)\frac{d\varphi}{dt}$$
である．一方，力のモーメントは $(L_2 - L_1)mg$ であるから，
$$\frac{d^2\varphi}{dt^2} = \frac{g(L_2 - L_1)}{L_1^2 + L_2^2} = 8.65 \text{ rad/s}^2,$$

加速度はそれぞれ，$\dfrac{d^2\varphi}{dt^2}L_1 = 1.7 \text{ m/s}^2$，$\dfrac{d^2\varphi}{dt^2}L_2 = 6.9 \text{ m/s}^2$

第 11 章

11.1 密度を ρ とすると，$\pi a^2 l \rho = M$
$$I_z = \int_0^a r^2 l\rho 2\pi r \, dr = \frac{l\rho\pi a^4}{2} = \frac{Ma^2}{2}$$

11.2 加速度 a は $a = -\dfrac{R^2(m_1 - m_2)}{I + R^2(m_1 + m_2)}g$ より，
$$t = \frac{R\omega_0}{a}$$

$$上がった距離 = -\frac{1}{2}at^2 + R\omega_0 t = \frac{(R\omega_0)^2}{2a}$$

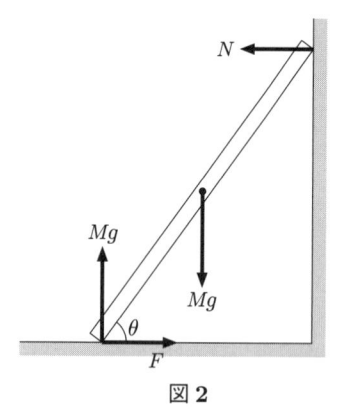

図2

11.3 **a.** 図2に示すようにはしごに働く力は，重力，床からの抗力，壁からの抗力 N と床による摩擦力 F である．はしごは静止しているので，床からの抗力は Mg である．また同様に，$N = F$．はしごの重心まわりの力のモーメントを計算して
$$\frac{L}{2}\sin\theta \cdot N + \frac{L}{2}\sin\theta \cdot F = \frac{L}{2}\cos\theta \cdot Mg, \quad F = \frac{Mg}{2}\cot\theta$$

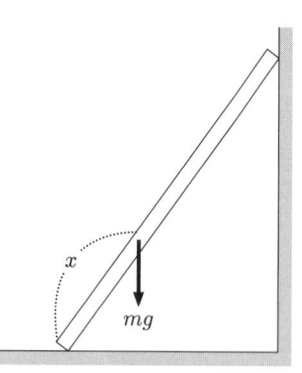

b. 図3に示すように，床からの距離を x とする．前問と同様に重心まわりの力のモーメントの計算より，摩擦力 F' を求める．
$$\frac{L}{2}\sin\theta \cdot N' + \frac{L}{2}\sin\theta \cdot F' + \left(\frac{L}{2} - x\right)\cos\theta \cdot mg = \frac{L}{2}\cos\theta \cdot (M+m)g$$

$$F' \leqq \mu(M+m)g, \text{ より } \frac{x}{L} \leqq \frac{\mu(M+m)}{m}\tan\theta - \frac{M}{2m}$$

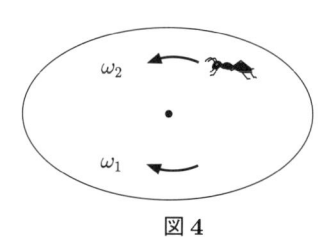

図3

11.4 図4に示すように，床に対して円板の角速度を ω_1，虫の角速度を ω_2 とすると，
$$I\omega_1 - mr^2\omega_2 = 0$$

虫が円板を1周する時間を T とすると，$(\omega_1 + \omega_2)T = 2\pi$．これより
$$\omega_1 T = \frac{2\pi mr^2}{I + mr^2}$$

図4

第 12 章

12.1 $E = \dfrac{I_z}{2}\left(\dfrac{\mathrm{d}\varphi}{\mathrm{d}t}\right)^2 + R_\mathrm{c} Mg(1-\cos\varphi) \simeq \dfrac{I_z}{2}\left(\dfrac{\mathrm{d}\varphi}{\mathrm{d}t}\right)^2 + R_\mathrm{c} Mg\dfrac{\varphi^2}{2}$
$= \dfrac{MgR_\mathrm{c}}{2}C^2$

12.2 $\varphi(t) = \varphi_0 \cos\omega t$, $\dfrac{\mathrm{d}\varphi(t)}{\mathrm{d}t} = -\varphi_0\omega\sin\omega t$

12.3 a. 重心の座標を鉛直下方にとり,$z(t)$とする.糸の張力をSとすると,

$$M\dfrac{\mathrm{d}^2 z}{\mathrm{d}t^2} = Mg - S, \quad I\dfrac{\mathrm{d}\omega}{\mathrm{d}t} = RS,$$

糸がほどけた分重心は下がるから

$$\dfrac{\mathrm{d}z}{\mathrm{d}t} = R\omega$$

以上より,

$$\dfrac{\mathrm{d}^2 z}{\mathrm{d}t^2} = \dfrac{2}{3}g$$

b. 上式の内,変更されるのは $\dfrac{\mathrm{d}z}{\mathrm{d}t} = R\omega - v$,ここで$v$は糸を引き上げる速さ.

$\dfrac{\mathrm{d}z}{\mathrm{d}t} = 0$ より,$R\omega(t) = v(t)$,$I\dfrac{\mathrm{d}v}{\mathrm{d}t} = R^2 Mg$,$\dfrac{\mathrm{d}v}{\mathrm{d}t} = 2g$

12.4 ボールはすべることなく運動するので,摩擦力は仕事をしない.角速度 $\omega = \dfrac{v_0}{a}$

$$\dfrac{1}{2}m{v_0}^2 + \dfrac{1}{2}I\left(\dfrac{v_0}{a}\right)^2 = mgh, \quad h = \dfrac{7}{10g}{v_0}^2$$

第 13 章

13.1 $v = \dfrac{50 \times 10^3}{60 \times 60} = 13.9 \ \mathrm{m/s}$,$mg\tan\theta = m\dfrac{v^2}{r}$,

$\tan\theta = \dfrac{v^2}{gr} = \dfrac{(13.9)^2}{9.8 \times 20} = 0.99$,$\theta \simeq \dfrac{\pi}{4}$ だけ外側に傾く

13.2 $mg \leqq \dfrac{mv^2}{r}$,$v \geqq \sqrt{gr} = \sqrt{9.8 \times 10} = 9.9 \ \mathrm{m/s}$

13.3 南半球では南極から見ると地球は時計回りに回っている.これよりコリオリの力は進行方向に対して左方向に作用するので,低気圧の渦は時計回りとなる.

13.4 赤道付近で熱せられた北に吹く風は,コリオリの力により右にそれて強い西風となる.一方,北から赤道に向かう風は西にそれていく.これが貿易風である.

索　引

■ あ 行

Atwood の装置, 76
位置エネルギー, 37
一般解, 9, 20
唸り, 27
運動エネルギー, 35
運動の軌跡, 14
運動方程式, 7, 29, 49, 66
運動量, 29
エネルギー保存則, 57
遠心力, 85
円錐振り子, 83
エネルギー保存, 58
オイラーの公式, 4, 5

■ か 行

外積, 42, 43
回転座標系, 83
解の重ね合わせ, 12
角運動量, 42–44, 52, 54
重ね合わせ, 20
加速度, 3
加速度並進運動, 17
換算質量, 63
慣性系, 7, 16
慣性質量, 9
慣性の法則, 7
慣性モーメント, 73, 74, 77
慣性力, 17
強制振動, 26
極座標, 48
空気抵抗, 22
空気の抵抗力, 10
ケプラーの第3法則, 59

ケプラーの法則, 55
減衰振動, 22
剛体, 71
剛体の平面運動, 80
コリオリの力, 85

■ さ 行

座標原点まわりの全角運動量, 66
作用反作用の法則, 7, 61, 65, 68
仕事, 32, 33, 35
実体振り子, 78
質点, 7
質量中心, 61
重心, 61
重心座標, 71
重心の運動方程式, 71
重心のまわりの角運動量, 67
重力質量, 9
初期条件, 10
垂直軸の定理, 77
全角運動量, 64
線形常微分方程式, 12
線形微分方程式, 11
線形方程式, 20, 23
線積分, 33
相対座標, 62
速度, 3

■ た 行

単位ベクトル, 2
単振動, 19
単振動方程式, 19
単振り子, 50

力のモーメント, 45, 52, 54
中心力, 46
抵抗力, 25
テーラー展開, 5
等加速度運動, 9
等速円運動, 3, 44
等速直線運動, 16
特別解, 10

■ な 行

内積, 1

■ は 行

万有引力, 39, 55, 57
フックの法則, 19
平行軸の定理, 77
ベクトル積, 42
放物運動, 13
保存力, 34, 36, 38, 40
ポテンシャルエネルギー, 36, 37

■ まあ 行

摩擦力, 34
見かけの力, 17
面積速度, 54

■ ら 行

力学的エネルギー, 38
力学的エネルギーの保存, 38
力学的エネルギーの保存則, 50
力積, 30
ローレンツ力, 43

著者略歴

一瀬 郁夫(いちのせ いくお)

1977年, 東京工業大学理学部物理学科卒業
1982年, 同大学理工学研究科物理学専攻博士課程修了
東京大学総合文化研究科助手, ニューヨーク市立大学研究員などを経て
現在, 名古屋工業大学工学研究科教授
理論物理学, 特に量子物理学を専門とする.

15週で学ぶ理工系の 力学(しゅうまなびりこうけいりきがく)

| 2011年10月31日 | 第1版 第1刷 発行 |
| 2020年 3月15日 | 第1版 第2刷 発行 |

著　者　　一瀬 郁夫
発行者　　発田 寿々子
発行所　　株式会社　学術図書出版社

〒113-0033　東京都文京区本郷5丁目4の6
TEL 03-3811-0889　振替 00110-4-28454
印刷　三美印刷(株)

定価はカバーに表示してあります.

本書の一部または全部を無断で複写(コピー)・複製・転載することは, 著作権法でみとめられた場合を除き, 著作者および出版社の権利の侵害となります. あらかじめ, 小社に許諾を求めて下さい.

ⓒ2011　I. ICHINOSE　Printed in Japan
ISBN978-4-7806-0260-9　C3042